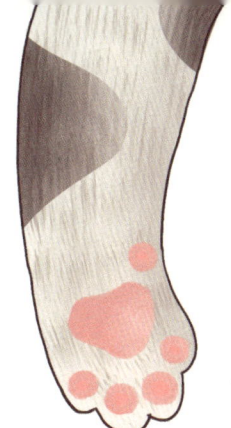

动物沟通让我更懂你

贝丽　朱慧宁　主编

黑龙江科学技术出版社
HEILONGJIANG SCIENCE AND TECHNOLOGY PRESS

图书在版编目（CIP）数据

动物沟通：让我更懂你 / 贝丽, 朱慧宁主编. ——
哈尔滨：黑龙江科学技术出版社, 2022.5
ISBN 978-7-5719-1340-3

Ⅰ. ①动… Ⅱ. ①贝… ②朱… Ⅲ. ①动物心理学 –
通俗读物 Ⅳ. ① B843.2–49

中国版本图书馆 CIP 数据核字（2022）第 047283 号

动物沟通：让我更懂你
DONGWU GOUTONG:RANG WO GENG DONG NI

作　者	贝　丽　朱慧宁
责任编辑	张云艳　王化丽
封面设计	佟　玉
出　版	黑龙江科学技术出版社
地　址	哈尔滨市南岗区公安街 70-2 号
邮　编	150007
电　话	（0451）53642106
传　真	（0451）53642143
网　址	www.lkcbs.cn
发　行	全国新华书店
印　刷	哈尔滨市石桥印务有限公司
开　本	880mm×1230mm　1/32
印　张	6
字　数	170 千字
版　次	2022 年 5 月第 1 版
印　次	2022 年 5 月第 1 次印刷
书　号	ISBN 978-7-5719-1340-3
定　价	48.00 元

【版权所有，请勿翻印、转载】
本社常年法律顾问：
黑龙江博润律师事务所　张春雨

感恩，动物伙伴们

最初，我是一名广告设计师，做了 10 多年，越做越怨。那时候我一直在问自己：究竟什么才是我喜欢的、我想做的事情，并且想一直做下去的？

这个问题困扰了我很久，有一天我因为工作的关系心情很低落。回到家后，抱着我的贝贝（一只贵宾犬）舒缓了很久。当恢复斗志的时候，我突然意识到，原来我一直在寻找的是动物！

对！是动物！

我从小爱动物，至今都不曾改变！

我认真思考了很久，终于下定决心，辞掉了高收入的广告设计工作，准备去寻找和动物相关的事情。

其实,一直以来,我还有一个身份——动物救助者,救助一些流浪动物并且帮它们寻找领养人。

或许真的一切都是缘分,当你选择了真心想做的事情的时候,一切都会围绕它而发生。

那时候认识一位朋友,偶然的机会知道她是动物沟通师,但也没什么起因去聊这个话题。

记得有一次,我正在救助一只被遗弃又患有癫痫后遗症的萨摩耶犬,突然得知朋友的狗狗走失了。为了帮朋友寻找走失的狗狗,情急之下就把它送去了宠物医院寄养和检查。

可第二天一早我就接到医院的投诉电话,说这只萨摩耶犬整晚都在叫,会影响医院其他的动物,让我赶紧带它离开。放下电话,我当时有些无措,因为流浪狗狗的安置是比较难的,何况它还那么爱叫。情急之下,我想到那位动物沟通师朋友,就请她帮忙沟通。

她沟通后告诉我,狗狗因为自己突然被带走感到很慌张,所以才叫了一晚。狗狗希望我能和它说清楚到底发生了什么,并且告诉它我对它的未来打算。听完后,我就依照沟通师说的,和狗狗解释了很久。奇迹发生了,它真的再也没叫!真是太神奇了!最后很顺利地为它找到了领养人。

这件事发生后,我便对动物沟通师这个职业产生了好奇,觉得这个职业很有爱。也就是在那个时候,想去学习这方面的知识,从而成为一名可以帮助到宠物家庭的动物沟通师。

就这样，我去学了动物沟通，顺利地成为了一名动物沟通师。

学完都会有个练习阶段。我在向朋友征集练习的动物时，身边的人都觉得这件事很特别，因为看似神秘有人根本不相信。好在大家都知道我不是异士，自然，动物沟通也不是什么特异功能了。

成为亚洲动物沟通师后的我，也有了一些变化，内心变得更平静了，面对一些人和事也开始不再那么烦躁了。我想是从动物身上学会了包容与满足，也因为帮助了很多有动物的家庭，我每天都充满幸福、快乐。在工作中，我经常会因主人与宠物之间的故事而感动流泪，有时候也会因为动物们可爱的回答而哈哈大笑。

经过我的沟通后，改善了身边有宠物家庭的不和谐关系，从而使我找到了自己的使命——传播动物沟通，让更多的人知道它，知道它的科学性及它是通过练习就可以掌握的一个与生俱来的技能。只是这个技能在我们成长的过程中被忽略了。

我常做一些公益性的动物沟通服务，做宣传、开设动物沟通课程，就是希望这个职业能被更多的人关注。于是，我便有了出版这本书的想法。

本书对动物沟通做了基本介绍，还分享了我服务的一些动物的故事。回首服务的这些动物，主人最终不是感激流涕，就是觉得欣喜幸福。他们回馈说，毛孩子和以前不一样了，变得更乖了，相处也更融洽了。

我打从心里高兴，也很欣慰。

动物沟通，可以帮助宠物更好地与主人相处，还可以帮助主人了解宠物的心理健康、行为问题、身体状况等。也因为主人了解了宠物们的根本问题所在，从而想要改变自己的宠物，变得理解、包容，最终发现自己也有不足的地方。

我很感谢动物沟通，我要告诉大家，其实人们在动物面前是多么渺小。我们对动物的爱与它们对我们的情感相比，它们的爱是如此纯净、高尚且无私。

每每完成一个沟通案子，我都或多或少可以从动物身上学习到一些东西，它们在让我不断成长，变得更好。

动物沟通传播的路很漫长，也很艰难，但我希望能与动物们一起一直走下去。我也希望能帮助更多的动物及家庭，并渴望会有更多爱动物的人加入，让动物沟通师这个职业群体变得越来越庞大。

最后，感谢在我从事动物沟通这个职业期间出现过的每一个人。也感谢与我一起写书的宁宁和几位受邀分享自己动物沟通感受的朋友，以及出现在故事里的毛孩子和它们的家人。

敬，初心。

2021 年 3 月 20 日于上海

我有一个动物园

从小家里就像个动物园,爸爸很喜欢动物,所以家里养过猫咪、狗、乌龟、兔子、仓鼠、鸽子、白文鸟、九官鸟,以及各种路边捡到的受伤野鸟,各种鱼、蛇、蜥蜴、螳螂、蚂蚁等。于是耳濡目染的,我也很喜欢动物。

目前,我养了7只猫咪、1只白头翁、1缸苏拉威西虾和1条蓝眼灯鱼。猫咪年纪最大的已经20岁了;去年,一只19岁的猫去了喵星;白头翁5岁;蓝眼灯鱼也2岁了。我很用心地照顾它们。

我对养猫很有经验,不管生活、饮食,还是心理上,我都愿意尽全力给它们最好的。对于家中的宠物来说,最重要的就是爱。有爱,你就愿意去做更多对它们更好的事。

2013 年我就接触到动物沟通这个领域了。因为搬新家的关系，本来生活在两个住处的猫咪要一起生活了，没想到一起生活后，猫咪不和睦的情况非常严重，打架打到骨折，甚至眼睑破裂，最严重时年轻的猫会不让老猫去上厕所，猫咪之间的压力值已经非常大了。

在这种情况下，我预约了动物沟通师来解决家中猫咪的问题。本书中也有几篇我叙述的家中猫咪沟通的故事跟大家分享，而我也因为这次事件对动物沟通有了更深的认识。

就我 20 年养猫咪的经验来说，毛孩子就是家人。对待家人，希望它们更健康更长寿，除了注重饮食的营养外，还要维持生活的品质，另外还要有及时的医疗。猫的一生不会没病没痛，重要的是，身为家人的你是否能第一时间察觉并做出正确的医疗救治。

另外，宠物的心理健康也很重要，常常看了医生却没办法解决的，很多都是心理上的问题。此时沟通对宠物来说就显得非常重要，通过动物沟通去了解宠物当下的需要，更正宠物家长的行为，可以让宠物与家长更和谐地相处。

相信本书能给更多爱动物的朋友一个了解身边宠物的机会。

2021 年 2 月于厦门

目录

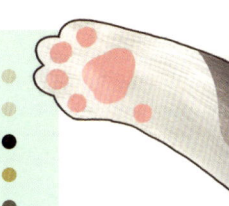

开篇语

2022年的宠物风口大浪起 \ 001

贝丽动物沟通小课堂 \ 005

19个动物沟通案例 \ 011

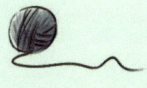

我们一起共度余生好吗？……013

寻寻觅觅找到你……020

小咪，你想和我回家吗？……027

狗狗也有心机……080

吃塑料袋的猫……075

阿诺，你的世界并不小……066

为什么咬我们？……059

再见，小公主……125

大白，你想走了吗？……118

不会恨，所以只能让自己不忘记悲伤……113

鹦鹉阳阳……108

竟然尿尿在我脸上……053

让我来修复你心里的伤……048

活在当下……043

妈妈，我愿意原谅你！……032

Hello，你是佩琦吗？……103

我是你的小甜甜……097

我是主子，你是「铲屎官」……091

我想要自由……084

目录　III

我的动物沟通之旅 …… 157

一个救助义工的心路历程 …… 145

26个动物沟通常见问题 \ 167

沟通师如是说 / 129

动物沟通治愈心灵 131

毛小孩爱你的表达方式 136

每天都很期待工作时光 140

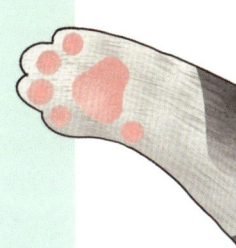

在毛孩子身上学习爱 162

目录 V

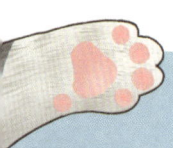

开篇语

2022年的宠物风口大浪起

其实我本身并没有养任何宠物，只有小时候在家里养过鱼啊鸟啊这些小动物而已。对猫咪狗狗这样的宠物确实不是很懂。几年前，我们集团位于台北的文化传媒公司有持续在做捐助流浪动物的公益活动，我也定期协助举办一些公益活动。就是通过这些公益活动，我了解了一些关于猫咪狗狗的饲养问题。

我们公司的运营小伙伴们养宠物的时间都很长，有的家里的猫咪都快20岁了，真的是非常佩服。

常听他们说，他们都是把宠物当家人看待的，为了更了解他们的"家人"的心情及给到它们更好的生活方式，他们都有体验过动物沟通服务。他们想通过动物沟通更了解"家人"对自己的心意和它们对日常生活中是否有不满的地方，可以通过相互了解彼此的内心，消除隔阂，拉近彼此的距离。而且都还颇有效果。

经了解才发现，原来动物沟通已经行之有年，在国外如美国、英国或者东南亚国家，这样专业的动物沟通咨询师都已经从业多年，并且非常知名。

对于宠物沟通师这个职业，我还是挺陌生的。直到有国际专业的团队到厦门拜访我们集团，了解中国经济主体市场宠物沟通发展的大方向，我才知道原来动物沟通在宠物行业是归类于最深奥及最高端的产业链顶层。

如今，宠物相关的产业已崛起成为2022年国际企业投资快速营收成长的风口产业。

这次也万分感谢亚洲宠物沟通联盟的CEO贝丽邀约写关于宠物市场行业的发展分析作为本书的开篇语，真的非常兴奋。本人也会热情地去学习动物沟通产业专业知识，寻找这个领域的至高认知。

通过阅读本书，读者们可以了解到，原来在动物沟通的行为上所产生的温度才是这个产业最大的价值。欢迎更多对宠物行业有热情的小伙伴参与到动物沟通咨询师这个行业里来。

接下来，就让我们一起翻开本书，开启一段动物沟通之旅吧。

2022 年 3 月 30 日

林俊门

厦门宁家军传媒有限公司执行董事
厦门赛恩铁克游艇有限公司总经理
厦门温感空间企业管理有限公司执行董事
厦门猫一个文化创意有限公司创意总监

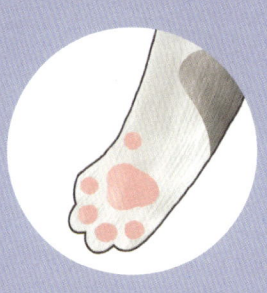

贝丽
动物沟通小课堂

贝丽
动物沟通小课堂

什么是动物沟通?

首先,在了解动物沟通前,请您先放下世俗的观念,从爱出发,尊重动物,平等地看待它们,也相信动物可以听懂我们说的话。这是进入动物沟通最基本的条件。有爱,且爱它们,才会有进一步的沟通交流。

名词解释:动物沟通

动物沟通(Animal Communication)又称宠物沟通,是一种运用超感知觉(又称超感直觉;extra sensory perception,ESP)能力且通过训练练习得以进行动物沟通的能力。

超感知觉指不用感官或感觉讯息而可以有所知,即使在完全隔离的状态下,仍然能知觉到人、事、物的状态或性质。

"超感知觉"一词由美国心理学家莱因(J.B. Rhine)提出,属于超心理学（Parapsychology）的研究领域，为科学心理学家所研究。

相关科学研究发现，动物沟通仅是超心理学领域中超感知觉能力的一种应用方法。超感知觉能力是每个人与生俱来的感知能力。

举例来说，我们不少人在生活中都曾说过"我的感觉告诉我……""我的直觉告诉我……"，而我们会接受这种不受逻辑思维约束的思维方式来做决策，而且会得到正确的指引。

那我们说的这个超感知觉是什么呢？心理学家称，超感知觉来源

于人的大脑，而它出现时，一般是大脑思维状态最好的时候，可形成大脑皮质的优势兴奋中心。它可以帮助人们进行快速决策，是人们潜能开发的一个重要领域，是完全可以有意识加以训练和培养的，让许多人觉得好奇的动物沟通便是超感知觉的应用之一。

爱因斯坦曾说："真正可贵的因素是直觉。"一直以来，直觉都是我们心灵深处被深藏的宝藏，只要我们懂得挖掘直觉的能量，直觉就能为我们所用，实现惊人的创造性活动。

动物沟通师的产生

动物沟通师是一个职业，最早在美国加州开始盛行，逐步发展到欧洲、非洲等地区。近几年在亚洲地区开始火热起来。随着中国宠物行业的快速发展，养宠人剧增，且人们对宠物的观念也从之前的"只是宠物"提升为"家庭成员"，视宠物为自己的朋友或孩子，动物沟通也越来越受到关注。

什么是沟通？

说到"沟通"，我们先来讲讲沟通这个词的定义。沟通就是我表达我自己的意思，同时我也要完全了解对方所表达的意思。在沟通中，人们往往急于表达自己的想法而忽略了对方所要表达的，因此造成很多误解、冲突、对立。所以，要做好沟通，第一件事就是要学会先听对方在说什么，而不是抢着先说，表达自己。先"听"话，不是先"抢"话，需要有这个顺序概念。

我在做动物沟通的过程中发现，人与人的交流是最困难的，与动物沟通要简单许多。因为人充满主观、分析、评估，不是用同理心去了解别人的话，很容易因主观、断章取义、曲解、怀疑、试探而误解对方。

作为一名持证沟通师，我会在沟通时进入无我状态。在无我状态下我们才可以去感受动物和主人内心所要表达的是什么，这样才可以准确地理解问题背后的真正意义。

动物沟通师虽然是动物与主人之间传递讯息的桥梁，帮助他们更了解彼此问题发生的根本原因，但其实我们更多时候是一名倾听者、引导者，去帮助主人更了解他们自己。

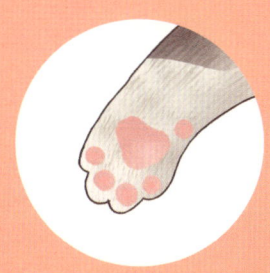

19个动物沟通案例

你想知道你的毛孩子在想什么吗?
你想知道你的毛孩子对现在的生活是否满意吗?
你想知道你的毛孩子生病时哪里不舒服吗?
你想知道毛孩子临终前还有什么心愿?
让动物沟通师来告诉你……

10个
动物沟通案例

我们一起共度余生好吗？

"我想告诉它，当我把它接回家的时候，我就做好了负责它后半生的决定。我会对它不离不弃，直到它老死的那一天。"

"我会给它喜欢吃的零食，等它没那么紧张了，我会轻轻地摸摸它，给它梳毛，希望它可以和我一起开始新的生活。"

以上是大宝宝家长在向动物沟通师咨询时所说的话。

这只猫的名字叫大宝宝，是一只15岁的老猫。

大宝宝的原主人因癌症晚期，在万般无奈的情况下将它托付给新的主人来照顾。

新主人家中已经养了6只猫，对于大宝宝来说，新环境有着非常多的不同。它不明白为什么主人不在了，为什么要到一个有那么多猫咪的地方生活。

因为有着太多太多的不了解，因此，它刚到新家的那几天非常哀伤，叫声中充满了痛苦与悲伤。

因此，新主人想通过动物沟通师与大宝宝进行沟通。以下是与动物沟通师Hank的沟通过程⋯

大宝宝

田园猫

性别 男生
年龄 15岁
沟通师 Hank

沟通师：大宝宝对新环境感到十分紧张。

新主人：理解，毕竟离开了生活了十几年的环境和家人。

沟通师：它说你对它很好，但是它不明白为什么会来你这里。

新主人：因为原主人身体不好，快要去世了，没办法再继续养它了，所以把它托付给我。原主人也很挂念它。

沟通师：昨晚叫是因为想念原来的主人，还有对新家的其他猫也有些紧张。

新主人：理解，请它放心，我会保护它的，它在笼子里很安全。

沟通师：感觉大宝宝是信任你的。

新主人：听到这个我很感动，非常感谢它对我的信任。如果其他猫欺负它，我会修理它们的，绝对不会让它受委屈。

> 大宝宝听到新主人的这句话，露出了微笑，表示满意。

新主人：我希望给它一个幸福的余生，也希望它能理解我现在家的处境，毕竟在它来之前其他的猫已经在这个家了。

沟通师：大宝宝平静了很多，现在看起来是不是不那么紧张了？

新主人：平静了很多。我打开毯子，它没有叫。

> 大宝宝刚到新家，为了避免害怕，笼子上盖着毯子。

新主人：它又开始叫了，叫声非常大。

沟通师：只是偶尔抒发一下情绪。

新主人：我刚被它吓到了，我现在可以打开毯子吗？

沟通师：你可以轻轻地掀开。

新主人：我打开了。

沟通师：它的反应还好吗？

新主人：头朝里躺着，没叫。

沟通师：大宝宝说它能够理解原来的主人，只是还是会很想念她。

新主人：大宝宝可以不要看到其他猫就叫吗？因为小区隔音不好，一直这样叫会被赶走的。

沟通师：它看到其他猫有些紧张，有点儿害怕。说感觉自己入侵了其他猫咪的地盘。

新主人：这是它的新家，不是入侵，这个家我是"家长"，其他猫都是我的"孩子"，它们都听我的。

沟通师：大宝宝其实挺黏你的。

新主人：是啊，我接它来新家的路上它就很黏我，我轻轻地抚摸它，帮它梳毛，到家后就没碰过它。因为我一碰毯子它就叫，我以为它叫是因为讨厌我，不想看到我。

沟通师：大宝宝希望你能够先陪着它，这个家它目前只认识你，其他的都不认识。

新主人：我一碰毯子它就叫，我怎么陪呀？

能感受到饲主很无奈。

沟通师：大宝宝说那只是反射性反应。

新主人：这样突然大叫会吓到我的。

沟通师：大宝宝在向你道歉，它说对不起，它太紧张了。

其实从大宝宝的角度想，它离开生活了15年的家，突然来到一个陌生且又多猫的家庭，确实很难适应，真的很难放松下来。

新主人：没关系，我们能不能都做些改变，我每天打开毯子陪大宝宝一会儿，给它梳梳毛，喂喂零食，摸摸它。但它能不能尽量少叫或者不叫呀？一叫我怕吵到邻居，就不敢打开毯子了。

沟通师：大宝宝说它知道你不喜欢它这样叫，它自己也不喜欢，会努力减少的。

新主人：谢谢它的理解，我现在可以摸摸它吗？

沟通师：大宝宝说其实它很喜欢你摸它，你可以试着慢慢地摸它。

新主人：你告诉大宝宝，我现在要打开毯子和门了，要摸摸它。

沟通师：好的，请试着慢慢地打开。

新主人：它又叫了……

沟通师：你先静静地陪着它吧，抚摸可能还需要一些时间。我刚才也一直在安抚它，它需要时间放松。

新主人：那我每天给它换水加粮的时候多在笼子旁边待一会儿吧。我叫它大宝宝，它能听见吗？它愿意和我一起生活吗？

沟通师：能啊，它在适应，大宝宝说它喜欢你。感觉它对食物、零食、名字什么的都不在意，只希望你能多陪陪它。

新主人：谢谢，它能克制自己不叫吗？

沟通师：它说好，它会努力的。

新主人：它真是一只好猫咪，我想说对它的祝福，你帮我传达给大宝宝好吗？

沟通师：好，我来传达。

新主人：希望你可以喜欢和我在一起的新生活，感受我。如果可以，我希望能实现对你的承诺，保护你，陪伴你的余生。

沟通师：大宝宝说"好，我们一起生活吧"。

沟通师传达了新主人对大宝宝的祝福，也传达了大宝宝想告诉新主人的话：它会好好地对她，请慢慢来，没有关系。

没过一周，这位新主人和沟通师反馈说，大宝宝已经不叫了，从刚开始躲在笼子里不愿意出来，到现在愿意走出笼子和其他猫咪一起互动，甚至开始争宠，想要独占主人。

当然，这位新主人是一位很负责任也很有耐心的家长。她非常用心地陪伴着大宝宝，使它从一开始的悲伤、紧张、害怕、不安……慢慢地转变为接受、适应、习惯新的生活。

这位新主人是我服务的那么多案例中，通过动物沟通来了解毛孩子后，比较快速调整自己的一位主人。

我那时候还为她做了一个回访，她说：

非常感谢沟通师帮助我和大宝宝沟通，让我们知道了对方的心意和需求，并且达成了共识。我在和它沟通的过程中也观察到了自己想要去控制的那颗心。

我们总是觉得其他物种都低我们一等，觉得我养了它们那么久，朝夕相处，我们足够了解它们，或者觉得它们就是动物，吃好睡好，没有危险就是最好的生活。

人的控制欲就好像父母管教孩子，却忘记了问孩子是否喜欢这样的管教方式。

我们忘记了平等对待和对它们的尊重。

成为动物沟通师后，我最大的感受是在动物面前我很惭愧。它们纯真善良，为了爱、为了让主人开心，会选择妥协和放弃自己原有的性格。

我记得曾有个狗狗，总是会穿各种cosplay的服装。我问它喜欢穿这些衣服吗？它很快很直接地回答我，说不喜欢。但是又很快补充：主人好像每次看到我穿这些服装都会很开心，所以只要他们喜欢，我也可以接受。

真希望会有更多的能尊重动物的主人出现，懂得换位思考。或者在做一些决定前，可以先和毛孩子们说一下，让它们知道为什么这么做，不要一味地想要去控制对方、改变对方，把它们变成自己想要的样子。

年长猫咪的日常基础照护

7岁以上的猫咪已经进入老年期。在日常基础照顾中，首先，家长需要把猫粮换成老年猫粮；其次，随着年龄增长，需要半年或1年做一次体检。

家里空间高度需要降低，比如一些比较高的猫爬架。因为很多高龄猫都会有关节炎问题，不再能轻易地跳到或爬到喜爱之处。攀爬或跳跃动作对关节的伤害是比较大的，所以要尽量降低生活设施的高度，可以使用阶梯上下楼。

再有就是维持室内的合适温度，高龄猫咪的血液循环不再那么活跃，因为代谢减缓，所以体内温度下降，猫咪也会变得比较怕冷。尽可能让它们待的环境温度合宜且固定的环境里减少冷暖落差，以防发生疾病。

这是我在凌晨12点35分吃完一大碗泡面后,激动地记录下来的。

吃泡面不是因为饿,而是因为馋。然后为了掩饰馋,我找了个理由就是:今天的案例真的是太特别了,我第一次遇到,必须干了一碗泡面高兴一下。

寻寻觅觅

我到你

它叫三花,名字一点都不特别,这眼神倒是挺妩媚的,猛然间我以为是个魅惑的女喵。

主人提前准备好了 4 个问题:

1 你以前的主人和家庭环境是怎样的?

2 当时你怎么就跟着我走了那么远到我家了?

3 为什么你洗澡会吓得昏过去、浑身抽搐?

4 你对我感觉怎么样,希望我以后多做点什么?

  我简单和主人介绍了一下动物沟通是什么,然后便开始了我与三花的沟通。

  刚开始,我围绕着这 4 个问题收到了很多画面,重复的也有。但是我习惯性地还是从与问题不相干的基本信息确认开始。

我：你家就一只猫？

一个光亮干净的房间，采光很好，看到一只猫躺在阳光下，毫无忌惮。

主人：嗯。

我在感受猫的性别时，总是会多那么几分摇摆。因为我沟通过的好几只猫，都是公猫像"女生"，母猫像"汉子"的性格。我的第一感觉是母猫，但是感受久了，怎么又那么像公猫，有一种无法靠近的气场。

我：是公猫？

主人：母的。

什么？我心里暗想，怎么错了呢？

因为一名优秀的沟通师，就是要在面对错误的时候，保持一颗平常心，不在意对错，不被主观思想所混淆，继续做沟通。

我：你遇到它的时候是中发，不是长头发？

主人：我是短发。

崩溃，连错两个问题，估计这个主人已经对我的能力表示怀疑了。我再次安抚自己，重新调整，再次进入沟通状态。

三花有点不想和我说话，我沟通过那么多猫，还是第一次遇到拒绝交流的。我怎么等待在它身边它都不搭理。

主人告诉我，她和三花的相遇是在1月一个凉爽的日子，那时候三花跟着她走了很长时间。那是很长的一段路，需要爬楼梯，还需要穿过马路，但是三花的眼里只有走在前面的她，好像认定她会带它回家。

他们是在一个路边水泥台阶上相遇的，附近有一些绿植。当时主人穿着长裤、运动鞋。那时候的三花看着年龄不大。

主人问的第一个问题：三花为什么选择她作为它的主人？

三花：这个人就是我要找的主人，我能感觉到她会留下我，并且照顾我。

而且确实因为三花跟着她走了2千米（沟通结束后，主人说的），还有爬楼梯，主人才决定收养它。

三花的过去其实没什么悲惨的遭遇，它和部分流浪猫咪一样，是从一个多层老房子的窗户跑出来的。

过去的主人没有对它不好，它只是觉得原主人不陪伴它，也不与它互动，不是它想要的主人，所以就跑出来了。就这么踏入社会，在茫茫人海中寻找着自己认定的那个主人。

三花很听主人的话，也不淘气，属于性格沉稳的猫。

主人对它来说，是朋友，是同等级的。

主人问的第二个问题：三花为什么那么恐惧洗澡？

突然问到这个问题时，我看到一个三花很惊恐的画面：三花在家洗澡，有个小盆，小盆里放着水。一个人抓着它要给它洗澡，它吓得眼睛瞪得大大的，像是要冒出来一样。洗澡水其实只有一点点，它却觉得要被淹死了，恐怖极了。

我说到这里，跟主人吐槽：它真的不爱说话，就给我看画面，让我自己看。

我：你家就你一个人？

主人：嗯。

主人怎么感觉也不爱说话，还是她故意少说话，来测试我的沟通准确度？

我：你们相处很和平，你不约束它，它也不打扰你，像朋友一样彼此陪伴。

说到这儿的时候，在我眼前浮现出一幅很和睦的画面：房间里充满阳光，三花像狗子般依偎在主人身边。有种恋爱般的感觉，充满美好和幸福。

主人也承认，三花不顽皮，算文静的猫咪。

三花吃东西的时候，我感受到它对吃的不怎么在意，也没什么追求。反倒是生活状态是它注重的。

我：你平时也没怎么和三花玩耍吧？

主人：嗯，就偶尔。

但是，三花却觉得这感觉很舒服，一句话形容：有点类似完美拍档。

我：它觉得和你相处得很舒服、很自在。三花不要求你，你也不要求它，但是又刚刚好。你的一言一行、一举一动，任何一个生活习惯，三花都觉得恰到好处。三花很喜欢有阳光的阳台,也喜欢规律的生活,它要的你刚好都有。

妈呀,我在描述这一段的时候,觉得他们像是情侣,灵魂伴侣的那种,就是遇到对的人什么都是刚刚好的。

主人:三花对我来说是多了个伴儿,原来的家里有点太冷清、太无聊了,有了三花后增加了一些活力。但是不是活力四射的那种,应该是多了些生气吧。

三花以前洗澡时被水呛过,看到水就害怕。我给主人一点洗澡时的小建议,比如把头遮起来,水一点点、缓缓地从背上淋下去,不要大力用花洒。

说完,我又在感受三花,它好像对别人都不怎么亲切、不友好。它和很多猫不一样,很多猫是用思想判断喜不喜欢一个人,而它很多时候用的是感觉,类似磁场一样去判断喜不喜欢这个人。这话说得不太准确,应该是除了主人,来家里的其他人它都不喜欢。

> 我通过三花也感受了主人的性格,她的性格比较温和、随性。
>
> 和三花沟通了很久,我真的不想继续感受了,他俩没什么可聊的。除了合拍,没任何问题,说白了就是为了找主人而离开原来的地方。
>
> 我八卦了一句,问主人是否单身,如果以后找男朋友可能会比较麻烦,因为要符合三花的要求。

我:这是我第一次接到这样一切都是刚刚好的案子(动物沟通服

务），你给的刚好它都觉得恰到好处。

主人：她有什么生活上的要求吗？

三花真的没有什么要求，但是我还是再去问它一次吧。这次终于和我说话了。

三花：我为什么要和你讲话。

郁闷，好不容易开口说话了，第一句就是这个，也有点太不把我当回事了吧！

我是一名救助人，会时常遇到需要帮助的动物，但我救的都是狗，没遇到过猫咪。直到有一天，我家附近一个即将拆迁的小区来了一只流浪的小橘猫。

小咪，你想和我回家吗？

性别：女生
年龄：不详
沟通师：贝丽

小咪

田园猫

散步时，看到一只小猫趴在墙边。我一直都比较没有猫缘，碰碰运气去逗逗它吧。

出人意料，这只流浪猫很亲人，我刚冲它叫了两声，它就向我走过来了。

这是一只瘦瘦的猫咪，但是看着很清秀。我摸它的时候，它还会友好地贴在我的手上，脾气还不错。我和它互动了一下，感觉它讨好我是因为饿了。我告诉它，让它在这里等我，我回去拿罐头给它吃。

等我回来的时候，它真的还在！这是一只有灵性的猫。我决定要一直喂它，在建立感情期间给它找个家。

有时候动物真的比人有契约精神，晚上 5 点半到 6 点半这段时间变成了我们的约定吃晚饭时间。我们每天这个时间见面，我会摸摸它并试图抱抱它，看看它对这个动作的反应，也希望它能慢慢熟悉这个动作。

有时候下大雨，它也会在老地方等我。摸着它湿漉漉的毛，心里多少觉得很可怜，很心疼。那时候我就一直在考虑要不要先把它领养了。

时间过得很快，转眼从初秋入冬了。有一天，我和往常一样带着罐头去喂它。我在叫小咪的时候突然发现它身边多了很多小奶猫。

天气越来越冷，一个猫妈妈加一群小奶猫这可如何是好！小咪的领养计划也要延后了。

小奶猫很小，还需要吃奶。我每天还是坚持去喂它们，也开始考虑要不要把它们抓起来领养了。可每次给小咪喂食时说到这个，它都吃饱了，就自己走了。它的小孩和它一起也很自在、很安心。

救助人救动物的时候，时常会因为受到内心的某种强烈情绪驱使而变得冲动，以至于忘了考虑动物们的想法和它们对流浪的理解。

我纠结了很久，虽然我是一名动物沟通师，但遇到流浪动物时想的还是满足自己的想法，做自己认为对的事情，忘记了去了解动物的想法，去尊重它们的感受。

想了很久，我觉得还是先了解一下小咪的想法吧。我记得很清晰，我用动物沟通的方式和小咪对话。

我：Hi，小咪，你认识我吗？每天都来喂你罐头的姐姐。

小咪：嗯，我知道。

我：小咪，我问你啊，你觉得现在的生活如何啊？

小咪：还可以啊，挺自在的，无拘无束。只是环境不那么好，有时候挺冷的。

我看到了它说的环境，就是它一直住的地方，可以用脏乱差来形容。

我：我带你离开这里好吗？

我刚问完，它就拒绝我了。

小咪：我为什么要离开这里？这里还挺好的，我已经习惯这里了。

当它这么快拒绝我的时候，我心里其实有点儿难过。因为它的拒绝，可能就会让我决定不去领养它了。

我：那我带你回家好吗？

小咪：回家？什么是回家？家是什么？

在我遇到的很多案例中，好些流浪动物对家都没有概念。或许没有感受过，所以不知道吧。但是，你给它们描述温暖的画面时，它们的心还是会有融化的感觉。

我：家就是一个明亮的、充满阳光的房间，有温暖的、绒绒的感觉，安静且舒适。每天都可以很舒服地睡觉，也不会有人打扰你。

嘿，小咪好像心动了，它似乎在思考。

隔了好一会儿，小咪做出了决定。

小咪：可以去，但是要带着我的小孩一起去。

我：当然啦，我一定会把它们都带走，和你一起。

小咪：那就一言为定吧。

我们约定后，我还是每天去喂它们。一共有3只小猫崽，大家都说小猫崽很好抓，结果好几次才把它们全抓住。好在有一只宝宝很快就被人领养了，只是得了传腹，幸好它的领养人并没有放弃它，给它用了药，它才脱离了危险。

经历过生病后，感受到主人的细心照料，他们的感情也变得好很多。

希望小咪和它的另两个儿子也能早日有新家。

妈妈，我愿意原谅你！

手机瞬间收到十几条微信，打开一看全是今天预约沟通的主人发来的毛小孩的照片，并留言说照片真的不好拍，刚摸一下下的时候看着还算乖，但一不留神就被打。主人：我真的很想知道它对现在的生活哪里不满，需要我做些什么。希望它快乐，可是不知道怎么做。

为什么要把我和姐姐分开？
为什么不帮我们两个一起找领养人？

美妞的主人是我在一次公益服务时巧遇的。她向我求助说，她真的不懂为什么她的猫会这样情绪多变，无任何征兆的情况下就会咬伤或者打伤主人。她真的是怕了。

那就和美妞聊聊吧，看看它是怎么了，是不是有什么误会或者有什么心结。

美妞

波斯猫

性别 女生
年龄 不详
沟通师 贝丽

19个动物沟通案例

我：Hi，美妞。

咦？刚和美妞打招呼，就感受到它的性格的确好善变，属于秒变的速度。我接收到美妞上一秒还心情不错，下一秒就伸出猫爪打主人的画面。

哇，主人家里有好多其他的猫咪啊，多到数不清。

我向主人确认，原来主人是一位坚持了10多年救助的人，家里有很多救助来的猫咪。

这时，突然收到美妞传递给我的另一个画面：美妞依偎在另一只猫身边，平静、放松。美妞好像很依赖这位伙伴，它们感情很好。不一会儿就看到美妞自己蜷缩在阴暗处，身边的伙伴也不见了。

我：美妞是不是曾经有一个很好的伙伴，但是现在不在身边了？

主人：是的，那是它姐姐，已经被领养了。

原来如此，美妞自从和姐姐分开后性格就变了，它觉得生活没有了依靠，也没有了意义。

主人：它原来总是躲在姐姐的后面。

接着我又看到美妞传递给我的画面：它总是自己躲在一个角落里，也不和其他的猫互动。

其实美妞的性格不算很开朗，算温和。美妞把它的伙伴当成了精神依靠。

我继续感受美妞的情绪，因为它没怎么开口说话。心情比较低沉，它有点儿埋怨它的主人。我想可能和它与伙伴分开有关。

我：是你把它的伙伴送走的吗？还是你只领养了它一只？

主人很无奈：我真的没办法让它们两只都被领养。

好像知道问题出在哪里了。

我花了好几分钟和美妞解释为什么会留下它一个，告诉它，它的主人是一位了不起的救助人，同时在照顾很多因为年老或残疾而无人领养的猫咪。因为家里的空间有限，很多健康、漂亮、性格好的猫咪都被人领养了，因为它们更容易被新家接受。这样可以留出更多的空间，帮助更多需要帮助的猫咪，希望它能理解主人的不容易。

话音刚落，美妞就问：那为什么不帮我们两个一起找领养人？
我突然觉得这个问题也没错啊，于是我问主人为什么。
主人没有回答我的问题，而是和我说：但是我告诉美妞了，无论如何我都爱它，它们被抛弃、姐姐被领养，不是它们的问题，也不是我狠心，是因为残酷的现实。

其实对于一只内心已经受伤的动物来说，这样的解释它可能不能接受，只会更加恨自己的主人。因为毛小孩会觉得主人是为了证明自己是对的，是在为自己的行为做强硬的辩解。

主人继续告诉我：家里最老的猫已经十六七岁了，小的才三个月。这些猫都是救助来的，留下的只能是老弱病残。她尽力给它们好的食物和用品，就是没有时间陪它们。
说到这里，我能感受到美妞听到这些话时的心情，也突然能理解为什么主人说摸了两下还挺开心，然后就突然会下死口咬她或者用爪子打到她出血的状态。

其实，美妞想要的不是这些优厚的物质，而是一个依靠、一个避风港，但是主人却给不了。

主人问我：它想要什么样的依靠？是每天看看它在干什么？把饭碗送到眼前吗？

从美妞的反应来看，显然并不是这些。

美妞依然躲在那里一动不动，在它的记忆里，主人和它的互动很少。

我告诉主人：有时候你摸它它会开心，但是突然打你，是因为美妞突然想到你很少陪它，还把它和姐姐分开了。想到这些它就会情绪激动，开始恨你，才会故意打得很重。

主人：那它愿意被领养吗？

美妞：被不被领养都一样啊，我都自己待在一个地方，傻傻地、无聊地、日复一日地重复着。

美妞看着确实对什么都提不起兴致，整个精神状态也是没什么活力，总觉得美妞对生活少了一些信心和积极向上的心态。

主人突然问：它愿意去对面的猫屋吗？房间漂亮，还有爬架。

我传达这个问题的时候，瞬间看到明亮的阳光洒在房间里，看着好像比现在的地方整洁，也安静一些。

主人告诉我，现在它待的屋子朝西，猫屋朝南。

美妞愿意去那边，它比较爱通透、安静、充满阳光的房间，不喜欢有太多的动物在。

主人：美妞的毛打结了，明天要带它去把打结的毛剃掉，然后漂漂亮亮地去对面屋子。

美妞听到这些没有特别大的反应，对它来说美不美真的没这么重要，它需要的是精神上的。而主人似乎还是没有在意美妞传达给她的需求。

我想我可能需要直接一些，去帮美妞化解这个心结。

我问主人：你是不是没有为把美妞和姐姐分开而只留下它自己这件事道过歉？

主人：还真的没有，我不知道它因为这个生气了。

我：你一直和它解释的内容就像前面你和我说的那些相似，是吗？

我很认真地和主人说：如果你愿意，美妞希望你能和它道歉。

说完后，我还在想主人会不会拉不下脸面时，主人就爽快地同意了。

听完主人的回答，我当时眼泪就流了下来。毕竟一边是动物一边是人，主人对动物道歉需要放下自己的身段吧。愿意这么做的主人，是发自内心会平等对待动物的吧。

主人：告诉美妞，它可以依靠我，我会爱它一辈子。

我：其实美妞没有特别想要被领养，它觉得这里还不错，对生活也没有特别多的要求。但是对于你所说的可以依靠，它表示质疑。因为基本每天它都看不到你，你太忙了。

美妞的内心有点像个没长大的宝宝，心理不算成熟，也不够坚强，非常需要被保护。

美妞再次和我说，它不用吃的多么高级，只希望主人在的时间多一点。

然而，主人因为想要给它们好一点儿的吃的喝的用的，还在兼职赚钱。

美妞知道后说： 希望主人可以休息一下，不要那么忙好吗？之前说每天陪我5分钟是真的吗？

主人： 我会努力做到的。

美妞： 别的猫咪都有伙伴，我的伙伴没有了，所以我特别需要有一个可以在精神上陪伴我、支持我的朋友。

主人听后问美妞： 能不能尝试在家里这么多猫中找一个朋友呢？

话音刚落，就看见一只米白色花纹、毛不长、胖胖的猫咪从眼前走过，好像就是它，美妞看它的眼神都变得比较有精神。

我请主人帮忙看看家里有没有这个样子的猫，果然有一只，说是在猫屋住的，这几天趁打扫卫生偷偷跑到美妞这间来的。

太棒了，刚好美妞要去猫屋住，它们可以有机会相处，试着培养感情。

主人： 这只猫咪叫奶酪，是个绝育的弟弟，很活泼。或许，美妞这样孤冷的性格需要一个活泼点儿的伙伴吧。

说到这里，我怕主人忘记道歉，再次提醒她道歉的时候可以试着去蹭蹭美妞，这次应该不会被打。

主人： 我有点儿怕它，它每次都咬得很用力，被咬破好几次了。

我安慰她，告诉她： 可以尝试看看，这次应该不会。因为我看到美妞希望主人和它道歉，还有蹭它和摸它的画面，因为美妞不会在主人道歉的时候打她，它等这个道歉已经很久了。

我想让主人证实一下这件事情。

主人：我要想想怎么道歉，不能强调我的困难，要站在它的角度想。如果我是它，我会怎么想。

真的好欣慰，主人可以那么快就换位思考这件事情。我为此而感动，真的是一位好棒的主人。

我：不能撒谎，也不能笑场，美妞能感受到你是不是在真心道歉。

主人：那时候，我肯定已经哭得一塌糊涂了，根本不会笑场。我觉得让它这么无助难过，真的很抱歉，我从没有从它的角度来想过这个问题。我希望它可以信任我，我会一直都让它依赖的。

我替美妞问：如果有困难，你都会帮它解决吧？

主人：是的，我一定尽力！

我：它就想要一个朋友，就是刚才说的那只米白色胖猫咪。

最后，主人想问美妞以前的家是什么样子的，如果不愿意说可以不用去回忆。

让有悲伤记忆的动物去回忆过去的事情，未必是件坏事。有时候，这样反而可以让它们把压抑很久的情感发泄出来。

美妞回忆：那时它和另一个和它很像的猫咪一起依偎着，窝在一个像柜子一样的高处。房间很灰暗，看似没人照顾它们，原来的主人对它们漠不关心。接着，就看到它们在街边落魄的脏兮兮的样子，像两个乞丐。

听主人说，她是在垃圾桶边的一个小笼子里发现它俩的，那时它们很瘦很脏。

沟通结束后，主人说：我一直用经验和行为学来判断或者实施与它们的沟通，但是真的忽略了它们的思想。即使它们的智力不如我们，但是它们就像四五岁的孩子，有自己的喜怒哀乐，也有很多想法。

她很感谢我的这次沟通帮助她了解到美妞的暴力行为背后原来是内心的创伤没有得到抚慰。

其实，做了那么多的案例，几乎每个案例的最后，主人都会有些感慨。这也是动物沟通的最终意义，在帮助主人了解毛小孩的同时，也是在帮助主人了解他们自己，可以让主人变得更好，让彼此相处得更融洽。

第二天一早，我醒来就问主人昨天是否有和美妞道歉，有没有和美妞聊聊天。

主人：聊了，聊得很好很好！

我想她说的"很好很好"就是当下的相处感觉和状态都很好吧。

主人的道歉内容：

美妞，我向你道歉，我只考虑了自己，没有考虑你的感受，真的没有从你的角度考虑你的想法。我真的很抱歉，让你这么长时间很难过、很不快乐。

主人：美妞听了我道歉后，一直和我说话，声音有高有低，有很多变化。

我：没打你吧？

主人：我说因为和你谈了，才知道了这些。有一次试图打我，伸手了，但是没有使劲。我一直在抚摸它，它也接受了。

我和美妞说我要去给老哥哥和老姐姐（老年的猫）吃药，还要去看看拔牙的猫猫，离开的时候它也没有不高兴。

在我来回忙活的时候，看到它从整理箱的缝里出来了，当我进去时它又回去了。我又和它说了一会儿话，然后跟它说我真的还没有忙完，就接着忙去了。

这位主人很棒，美妞也很棒，他们虽然没有常在一起生活，但是这种日积月累的感情还是超乎了我的想象，一样很深厚。美妞也偷偷地默默地爱着它的主人。

我：你是真的非常忙，它都快不记得你的样子了，都没好好看清你。

主人继续描述昨晚的事情：

等我基本上都忙完，喂药、喂饭、给粮食里加冻干、扫了小东西（猫咪）们刨出来的猫砂，我透过门看见美妞出来了，在地上很放松地舒服地趴着。

我就进去了，它又想躲起来，我就喊它：美妞美妞，你不要躲起来啊，妈妈很愿意你在外面啊。

其实美妞挺想跟着主人的，看她忙碌，主人忙一会儿也可以摸它一下，这样它觉得有存在感。

它听完就跳上飘窗台，迟疑了一下，没有躲起来，进了飘窗台上的纸抓窝。我就一边忙一边和它说话，并时不时地摸摸它。后来我跟它说，这个天气窗台晚上太凉了，不能这样躺着了，而且它有点流鼻涕。我亲了它的脑袋，然后把纸抓窝和它一起端到了桌子上，又和它说了一会儿，再次亲了它，跟它说明天给它理发，身上的毛也剃了，留个脑袋和尾巴。它哼哼着，好像不愿意。我说是我的错，没给她梳毛，保证理好看了，留着脸上的毛毛，它好像同意了。然后道了晚安，也和别的猫咪说了晚安，我就关灯离开了。

听主人描述这一切，好有画面感，也好温馨，很让我感动。
愿每一个毛小孩都能被温柔对待，被爱围绕。

如果被猫咪咬伤或抓伤怎么办？

首先判断是否出血，如果没有出血，就清理伤口，碘酒消毒即可；如果出血了，先确认猫咪是否打过狂犬疫苗，打过疫苗的处理方式为，用流动水冲洗伤口，然后再用碘酒仔细地消毒，这是对较小的伤口做处理的方式。

如果伤口的位置在头面部，并且伴随有多处的联合伤、伤口较深等情况，建议及时到当地医院彻底地进行清创，以及进行破伤风类毒素的注射。被没打过疫苗的猫咬伤后，建议48小时之内去医院打狂犬疫苗。

活在当下

动物对主人的爱是纯粹且忠诚的,它们的爱是不求回报的,是无条件的。不像人类付出多少就希望得到多少的回报。一旦由爱生恨,爱得越深,恨得就越深。

小呆

串串

性别◦男生
年龄◦不详
沟通师◦贝丽

　　我在成为沟通师前，就定期给一些我了解的、实地确认过的动物救助基地做一些食品、物品的捐赠，有时还会去帮帮忙。

其实，去基地做义工并不是想象中那么开心的，让人不舒服的事情占了大多数。单程需要好几个小时，会被跳蚤、不知名的虫子咬到抓狂。另外，最重要的是面对残酷的现实必须要控制自己的情绪。

当你走进基地看到那些小可爱看着你的时候，你虽然满心欢喜，但是看到它们身处的状况就会不自觉地跟自己家的几位"大爷"对比，心里就会涌现出伤感的情绪。它们没有家，居住环境简陋，食物只够温饱……

当然，这些毛小孩在基地的心情还是很不错的，自由自在，每天有一群小伙伴一起玩耍，刨土挖坑，踩踩水塘，捡一些"宝藏"。只能这样安慰自己。

看着那些毛小孩在泥地里撒欢，就会想起曾经遇到过的一些家长对他们的宠物呼之即来，挥之即去。有些情侣因为分手就把一起养的宠物遗弃，理由只是：不要了。

还有很多诸如此类的让我无法理解的遗弃狗狗的事情，但是我从未看到过被丢弃的狗狗会因为憎恨、埋怨或愤怒等情绪而痛苦，因为它们总是在等主人回来接它们。

有一天我去救助基地，看见一只梗类混血的狗狗乖乖地坐在铁门边，基地工作人员给它取名叫小呆。听基地工作人员说，因为感觉它很特别，除了吃饭整天就在那里坐着，怀疑它是不是脑子有问题。

这个事一直让我很在意。那天做义工结束后，我回到家和它聊了一下。

我：小呆，你为什么总是坐在门口呢？

小呆：我"爸爸"说让我在这里等他。

原来这里是它和抛弃它的"爸爸"分开的地方。

然后它让我看到了一幅画面，我听到家长对它说："你要乖乖待在这里，我很快就会来接你的。"而它摇着尾巴，乖巧地目送主人越走越远。

在那之后，它就一直坐在原地，等待主人来接它。

我于心不忍，想告诉它这个事实。

我：小呆，你的"爸爸"不会回来了，他不会来接你了。

我认真且肯定地告诉它：不要再等了，它不会来的，它不要你了。你在这里重新生活，慢慢找新的主人吧。

听完我说的话，小呆回答："爸爸"说他会回来接我的，让我乖乖地等他回来。

动物对主人的爱是纯粹且忠诚的，它们的爱是不求回报的，是无条件的。不像人类付出多少就希望得到多少的回报。一旦由爱生恨，爱得越深，恨得就越深。

我拜托了基地的工作人员，替我留意小呆的情况。

每过三天左右，他们就会和我说一下小呆的情况。小呆每天都还是一样，坐在铁门边同样的地方。

大概过了两个星期，基地的工作人员告诉我，终于看到小呆开心地去散步了，也和别的狗狗一起玩了。

真是太好了，看来它已经放弃了继续无结果的等待。

我又一次和它做了沟通：

我：小呆，最近好吗？

小呆：还不错啊，这里的人对我都挺好的，我过得挺开心的。谢谢！

我：啊？谢我？

小呆：我还是会继续等我的"爸爸"，但是我想换个方式等待，开心地等他，他也想看到我开心地生活吧。

我没有再回答它这个问题，也没有再去跟它强调"爸爸"不会来了。

就给它留一些好的念想吧，至少可以快乐地活在当下。

让我
来修复你心里的伤

流浪动物的警觉性很高,在面对去救它们的救助人时,它们会慌张,会逃跑或者攻击救它们的人,也因此增加了救助的难度及危险系数。如果用麻醉或者硬抓,会加深流浪动物对人类的恐惧及心理伤害。再加上流浪动物在流浪时心里都会留下一些不好的阴影,这种阴影会让它们很难再次走入新的家庭。

狗妈妈 麻辣

孩子 小黑

品种●田园犬　性别●女生　年龄●不详　沟通师●贝丽

　　我在做动物沟通练习的时候，就在帮救助组织做服务。比如，帮一些救助人问他们救的动物身体哪里不舒服、为什么咬人、是走丢还是遗弃的，告诉它们要去新家了，希望它们能安心等。

　　记得有一个救助人，她救了两只田园犬，她告诉我它们在寄养基地已经住了一年多，至今还是很怕人，看到人就躲起来。只有夜晚大家都睡了，才会出来吃东西、上厕所。

　　我能理解它们为什么怕人，但是长时间这样生活的话会对它们的身体造成一些损伤。

　　对于救助人来说，救的动物可以尽快找到合适的家庭并被领养是他们最大的心愿，也可以减轻他们救助的经济压力，良性地去帮助更多流浪动物。

我知道麻辣母女的故事后，很快就安排时间跟它们母女进行了沟通。

很多人会问：你和它们沟通时，重提它们过往的遭遇会不会对它们再次造成伤害呢？

或许，一场与麻辣母女关于过去的正式沟通，可以让它们把最伤痛的回忆说出来，对治愈它们内心的创伤会有所帮助。

我：Hello 麻辣，这是你女儿小黑吧？

它们的紧绷情绪立刻就传达给了我：它们立刻躲到了角落里，蜷缩在一起，把头都埋在身体里，看都不敢看我一眼。

看到它们这样的反应，我停止了向它们打招呼，并保持距离后安静地在一边陪着它们。

过了一会儿，它们紧绷的情绪渐渐放松了一点。

我：我是你们救助人的朋友，我来陪你们聊聊。我知道你们现在还是很紧张、很害怕，无法融入集体生活。

它们还是不说话。

我在一旁自言自语：如果你们还不相信人类没关系，你们可以试着去相信和你们住在一起的狗狗啊，可以问问它们过得好不好，它们如何看待现在照顾它们和救了它们的人，对不对？它们是你们的同类呀。

它们好像有点认同我的话。

我：我很想知道你们之前发生了什么，你们愿意告诉我吗？如果你不想提起，我不会勉强。

它们还是不说话。

又过了一会儿，我感受到麻辣传递给我的画面：

麻辣在流浪的时候怀孕了，它生了好几个小宝宝，藏在一个工地的废墟处，没什么人。有一天，麻辣去觅食了，在它回去的时候，突然看到来了一群人，抓了它那几只还没有长大的小宝宝。恐怖的事情发生了，那些人居然把麻辣的宝宝们一个一个地摔死了。

那时，麻辣刚好在不远处目睹了这一切的发生。小黑是唯一躲在废墟里没有被发现的。

太可怕了！我简直不敢相信自己所看到的画面！
我不知道说什么好，眼泪控制不住地流，我无法用言语去安慰它们，只能沉默无语。

我：对不起。

我想不出别的话。

我看到麻辣眼里泛起了泪花。

麻辣无奈地说：过去了。

一直在痛哭的我除了说对不起，就只有对不起。

我：你们现在安全了，救你的人是个善良的人，你可以尝试去信任她，或者你可以试着和其他的狗狗待在一起，看看这里的人对其他狗狗的态度如何。

谢谢你们愿意听我说话，希望你们能早日好起来。我替伤害你们的人道歉。

这次沟通后过了一个月，麻辣的救助人给我发了一段视频。视频里麻辣、小黑正在和其他狗狗一起散步。有工作人员走过去，它们会自动地避开，显然还有一些害怕，但是神态上明显已经好很多了。

救助人告诉我说它们好一些了，寄养的地方人少狗多，玩得还挺开心的。虽然还是怕人，还无法进入家庭生活，但它们健康平安就好。

遇到流浪动物时，我们该怎么办？

可以不爱，但请不要伤害，可以绕开走，不要驱赶。
驱赶可能会造成它们惊慌，躲闪时遇到事故。
如果你喜欢动物，有一份爱心愿意帮助它们，最好的方法是救下它们。
在自己可以接触动物的情况下，带它去医院做个基础检查，洗澡，体内外驱虫后找人领养。
如果自己不会救助，但是很想救，可以发动身边的救助人或者一些救助群，找可以帮忙抓的人。当然，这个时候你是发起者，你就有了这个动物的救助人身份，需要承担救助后所有的责任与开销。

竟然
尿尿在我脸上

因为买了更大空间的房子，我和五只猫终于要在一起生活了。为了未来的美好生活，就在网上看了一些家长的建议。有家长说，如果没有一起生活过的一家人（猫）刚开始一起生活时，建议请动物沟通师来做一些心理调节，让它们知道即将有其他伙伴一起生活。这样可以避免它们因改变生活环境而出现情绪波动，导致一些奇怪的行为发生。

看到这个建议，我立刻就想到我家的面鲁——这个超级问题儿童。

19个动物沟通案例　053

面鲁

中华田园猫

性别：男生
年龄：10岁
沟通师：维尼

面鲁长得很帅，但是从小警戒心就很强，每天都乱尿尿，沙发、布椅都是它尿尿的地方，甚至有一次我回到家，趴在床上，它直接站在床头尿在我脸上。我当时就傻眼了。难以置信的举动！我们有仇吗？

面鲁对人超凶，身边朋友只要有接近过它的，没有一个不被它打的，手被抓伤都是小事。曾经有一个朋友因为觉得它特别可爱，把脸靠近它，在毫无防备的情况下，"唰"的一下猫爪上来了。当时鼻子上就破了一个洞，血像个小喷泉似的喷了出来，把我都吓傻了。好在朋友都是爱猫族，一点也没计较。

面鲁对同类也很凶，它看到我家最早的两只老猫就会追打，瘦小的那只小母猫被打到前肢骨折，眼睛瞬膜破裂……

我真的不敢想象，等大家住在一起的时候，有这样的问题儿童会发生什么流血事件。于是，我就麻烦动物沟通师维尼老师跟面鲁沟通一下，我想知道它为什么会这个样子。

以下是沟通内容：

维尼：面鲁说它是老大！它要管教大家，不让其他猫乱讲话。它知道刚刚有两只猫说过它的坏话。

我：我养它的第一天就被它打了，想问问它是有什么心理阴影吗，为什么要这么凶狠，为什么要打人。

维尼：嗯，它真的很凶。

维尼老师在沟通过程中应该已经被凶了。

维尼：它说它为了生存必须要这样。它小时候在待过的地方很不开心，那里有很多只猫，也有狗，还有对它很粗鲁的人，所以它觉得它要很强悍。

面鲁是我从收容所里领养回来的，它说的应该是那里。

维尼：面鲁觉得要给其他猫下马威，它也没有特别喜欢家里的哪个人或哪只猫。因为它内心受过伤，所以个性是有一点扭曲，它也不知道要怎么表达。它心里面隐约知道你们是爱它的，可是它感受到你们在面对它时有恐惧感。大家虽然都住在一起是一家人，但是你们还是会怕它，其他的猫咪也怕它。

我：它为什么要一直在我床上尿尿呢？已经被尿三张床了。

维尼：因为它很没有安全感，它一直认为有一天会再回到那个地方。它不知道怎么表达，也不知道怎么跟大家相处。但是它认为这里所有的地方都是它的地盘，所以它要乱尿尿，不过它不觉得它在乱尿尿。

维尼老师赶紧补充，可能被凶了吧。

维尼：面鲁说它是老大，它是这一整个家的老大，大家都应该要尊敬它。

我：最近它一直在我耳边尖叫又乱尿尿，让我快受不了了。

维尼：现在我做一些解读，不是面鲁说的。我认为因为它是一只极度没有安全感的猫，所以它会做一些扭曲的事情。它这么做像是在考验，考验你或其他的猫，借此证明你是爱它的，是对它不离不弃的。

维尼：其实一跟它连线沟通，就感觉到它的阴暗面，可能是以前的日子过得很不开心。排序来算的话，它不是你的第一只猫对吗？

我：是啊，我第一只猫是沙茶。

维尼：面鲁说你为什么会有这么多只猫，为什么不是只有它一个，它觉得你根本不爱它。你都会跟别的猫说可爱，它觉得你比较爱其他猫。虽然你照顾它的生活，但是在你的内心它的位置很小。其实你平常想什么，猫会接收到你的讯息，会不会你内心觉得你养了一只很不喜欢的猫？这样的感觉与日俱增，它知道你的这个感受，所以它内心一直都很受伤。它现在在发脾气，一直在问我为什么，为什么，为什么。

我：我妹妹其实很疼它，它知道吗？

维尼：它说她也会怕它。

我：因为它会突然打人凶人，这个情况很严重。

维尼：它说既然大家都怕它，它就让大家怕好了。它以前在那样的环境生活，它觉得全世界都是它的敌人。

我：我妹妹想问，为什么它每次去跟我妹妹撒娇，都一下子就走了，然后也不跟人睡，要自己睡在浴室？

维尼：它认为有一天会失去这里的一切，既然这样，就不要太亲近你们，它要永远保持着一种警戒的状态。它说它有一天会被丢掉。

我：那麻烦你跟它说，我们会养它一辈子的，让它安心。

维尼：它说它想要你在单独的时间和空间一对一地陪它玩。

我：它有指定对象吗？

维尼：它说都可以。其实它很爱你，可是它觉得你不爱它。我建议你可以常常把爱它和这里是你永远的家的讯息传达给它。远远地看着它的眼睛，跟它说"你很棒，你是个很乖的小猫，我真的很爱你"。因为负能量一定会感染到它，所以要多让它感受到正能量。

维尼：它应该是所有的猫中最喜欢逗猫棒的吧？

我：是啊。

维尼：所以它希望有人可以一对一地陪它玩。

我：麻烦你跟面鲁说，我们会照顾它一辈子，请它安心。

维尼：因为小时候的记忆加上后来的遭遇不断累积，所以需要时间来调整。

我：它还有什么想跟我们说的吗？

维尼：面鲁现在比较平静，它说它现在知道不会只有它一只猫，但是它觉得它得到的爱有点少，如果可以的话，能不能多爱它一点，它也很需要别的猫有的东西。那个"东西"应该是指，它很可爱，它很值得被爱。

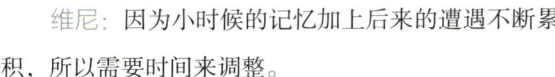

维尼和面鲁的沟通结束后,我重新思考了面鲁说的这些话。

好吧,我坦承,其实这是个恶性循环。当第一天面鲁用小小的手打了我,我心里面就有点失望,萌生出我为什么要养这只猫的想法。

它越凶,我们就越少抱它。

它越尿床,我就越生气。

它越欺负别的猫,我就越骂它。

真的是恶性循环!

面鲁辛苦了。

其实,每只猫都需要爱,我现在天天都会跟面鲁说:面鲁,你真的是一只可爱的小猫!

为什么咬我们?

胖胖曾经是个流浪狗。它的家长找到我的时候,想让我问它为什么会咬主人,想让它知道它已经有家了,不用再用咬人的方法来保护自己了。

胖胖

贵宾犬

性别：男生
年龄：3岁
沟通师：贝丽

胖胖像个三四岁的孩子，看它憨憨的，话不多，心里却好像总是有一些忍耐的情绪。

刚和胖胖聊上，它就热情地带我看了它家的客厅，我看到家里还有两位老人。

我顺便也与家长核对了一下讯息，我问家长：你家是不是还有两位老人和你们一起住啊？

家长：是啊，我们和老人一起住。

胖胖是个懂得感恩的小狗，它很主动地和我分享它的过去。

胖胖：我很感激男主人，是他抱我回家的。那个时候我很脏，还很小，身上的毛都打结在一起了。我跑到他的面前，他就抱起了我。

我：你不是应该喜欢女主人吗？

胖胖：喜欢啊，她经常照顾我，但是我感激男主人。

这小狗，喜欢和感激分得还挺清楚。

我转告给女主人后，她还有些醋意：不应该感激我吗？但是为什么会突然咬我们呢？

我感受到胖胖在家一直都还挺乖，也不怎么调皮，也很少叫，对家人都充满爱意。竟然会咬主人？我很诧异。

我问：胖胖，你有咬主人吗？

刚问，就看到有只手突然出现在它面前，它被这只突然出现在眼前的手给惊吓到了，很惊恐。自己也不知道怎么回事，大脑瞬间空白，条件反射地就咬了一口。

家长：它是不是流浪的时候被人打过？

胖胖：是的，以前太害怕了，总有人要伸手去抓我，我想保护自己，不被他们抓到，就只能用这样的方式让他们害怕我。

我问家长：你家的两位老人是不是对胖胖比较戒备，没有很亲近它，也不是很喜欢它？

家长没有回答我这个问题。

家长：我之前送它去宠物学校培训，回来后好了很多，但是上周我的宝宝看了它一眼，它就在自己的围栏里叫了起来。

我：胖胖知道自己有这个问题，它对小朋友有点好奇，但是也有些害怕，担心小朋友会无意间伤到它。

家长：之前宠物训练学校的老师说它是一只没有自信的狗。

我：是的。它内心还不能完全相信自己现在的生活，总是对未来存在着不安，内心深处还是有着曾经的阴影和恐惧。

家长：我一直都很好奇，它是走丢的还是被故意遗弃的？

其实很多时候，曾经流浪过的动物对这个问题都会有些敏感，有的会选择不回答。

当然我还是遵照家长的意思问了胖胖，它传递给我它小时候被抛弃在路边的画面。

我：以前的家长为什么不要你了？

胖胖：我也不知道，可能是因为我太小太烦了，就不要我了。

说这些的时候，它没有恨意，只是很平静地回答了我。

我简单聊了聊，便开始深入了解胖胖的性格。

它真的是很乖的，但是它有时候还是想讨好家长。

家长：以前我家老人没有跟我们一起住的时候它挺幸福的，后来搬来一起住后，老人家不喜欢它，总要我把它关起来。

我：胖胖知道家里老人怕它，不喜欢它。因为是自己的问题，它能理解，不怪老人。

家长回忆起当时和胖胖的初遇：

胖胖是自己流浪到我老公单位的，待在那好几天。因为它是泰迪犬，那几天单位里总有人想抓它回去。但是它太凶了，没人能靠近它，而且它会狂叫。我老公和我说过这个狗狗的存在。

有一天晚上，我听到狗叫，但是太黑了看不到它，就放了一些吃的走了。

谁知道第二天，它就自己冲到我老公面前，让他抱。就这样，我老公把它带回了家。

听完这些，我才明白，怪不得胖胖感激男主人。

我继续感受胖胖，发现它和家人并没有很亲密，反而好像彼此间有一点点小小的隔阂。

我问家长：你们平时相处是不是不很亲密？

家长直夸我：你好厉害，这也知道，我们确实不怎么抱它。

我直言：其实你们对它存在着一丝不安。

家长：因为它吃屎。

而我觉得不是因为这个，主要还是因为心理问题。

我：胖胖其实挺希望你们能多抱抱它，亲近它，鼓励它。你们好像也很少夸它。

我在服务动物沟通的时候，遇到家长的问题，都会直接说出来，不会保留。

我：它希望你们能多多鼓励它，一起帮它克服自己的内心问题。它看到手靠近就开始紧张，解决这个问题可能需要你们的协助。

家长：就因为它会突然咬人，我都把它的毛剃了，人家就不会觉得它可爱去摸它，然后被它咬了。

其实胖胖要的是鼓励和家长对它的信任，它在努力克服自己内心的恐惧，也希望家长能信任它，并得到家长的认可。

胖胖和孩子一样，我们给孩子的除了无私的爱，还有义无反顾的信任和鼓励，不管他们做什么都会支持、鼓励、信任他们。胖胖要的就是这些。

另外，家长和胖胖之间的言语交流也很少，很多时候胖胖都在猜测家长，才会有讨好的心理。

家长：这一年我挺对不起胖胖的，它在家都是关在笼子里。

我传达这句话给胖胖的时候，胖胖说因为宝宝，它知道。但是在笼子里心情还好，没事儿，让主人不要太过意不去。

其实它说这些话也是在讨好主人，尽力让主人能喜欢自己，觉得它乖。

我也嘱咐家长，胖胖有些怕小孩子。

我突然看到家里有另一只狗狗，家长反而和另一只狗狗比较亲一些，虽然喜爱的程度差不多。

家长：因为我们不怕它，有点怕胖胖。

家长终于还是正视了自己的内心。

我又重复说了一次：你们之间存在着一点点的隔阂，需要彼此信任。你信任它，它能从你这里感受到你的鼓励。即使你们不表达，它也能很清晰地感受到你们内心对它的真正想法。所以请你们认真地重视它，发自内心地去鼓励它，慢慢培养它的信心，改掉它恐惧的条件反射。

　　当你们完全信任它可以做到后，再去鼓励它，摸摸它的头，亲亲它的头。这些很重要，鼓励的话一定要说出口。

　　主人激动地说：太神奇了！可以通过动物沟通发现这么多内在的问题，以及我们自己都意识不到的事情。

　　动物沟通不仅拉近了家长与毛孩子的距离，也能让家长发现自己的不足，彼此一起成长。

狗狗如果咬人或者有一些坏习惯怎么办？

　　我们可以通过动物沟通先了解行为问题背后的原因，看看能否纠正改善，这需要动物与家长相互配合，并有专业的宠物行为训练师从旁指导，大家一起在了解动物内心思想的基础上进行行为纠正，才能有效地解决问题。

阿诺,你的世界并不小

从和阿诺的交流中可以感觉到,它的世界好小,它知道的、见到的也好少,以至于它说不出太多的东西来和我分享。

阿诺　贵宾犬

性别：男生
年龄：去年去了汪星球
沟通师：贝丽

这是我忙完亚宠展后重新开始接的第一个公益案子，毛小孩叫阿诺。看到照片的时候觉得它好可爱，打扮得好精致，羡慕它的长辫子，是我家毛小孩没有的。

我花了几分钟的时间，先和家长简单介绍了一下动物沟通是什么，如何进行，然后就是让家长准备想要聊的话题。

很意外，家长就只有一个问题：阿诺已经8岁了，心脏不是很好，需要药物控制，想知道它有什么想做的。

我刚开始连接上阿诺时,就看到了一个画面:一只小狗在它的窝垫上玩着一个乳胶类的玩具,很专注很享受。

慢慢地,由远到近,我看到了一个男孩子的样子,原来阿诺是男生。我想它应该是汪汪界的花美男吧。

家长喜欢把阿诺打扮得像女生一样。

在我抚摸阿诺全身的时候,猛然感觉到它的心脏真的不是很好,心脏明显偏大一些。

我继续感受阿诺的身体,觉得它的后腿有点刺痛、无力的样子。它会时常觉得胸闷,呼吸不是很舒服。
感受它身体的整个过程中,阿诺一直都很安静。

我向家长反馈了阿诺呼吸的问题,家长说它有一点点器官塌陷。
突然觉得阿诺好可怜,小小的身体有这么多异常。

我:阿诺不调皮,性格很安静,几乎一直都在家待着。
家长:嗯,它髋骨有问题,基本不怎么走动。我天天都是家里和店里两点一线地带来带去。

我又一次看到了一开始的画面,一只小狗趴在窝垫上玩着玩具。我想这个时间对它来说很重要。

我向家长确认：家里是不是有个垫子，不是很厚，它一直在睡？

家长：没有啊，它不爱睡窝垫。

过了一会儿，家长问我是什么颜色的窝垫，我说是比较浅色的，有点粉粉的。

家长想了一会儿：可能是它小时候用过的，大概不到一岁的时候有过一个窝垫。

我们在做沟通的时候，很多毛小孩会把记忆深刻的事情分享给我们。这个事情可能是过去的，也可能是最近的。

阿诺的话不多，待在那边，不怎么换地方，也不怎么动来动去。

我环视了四周，发现是个宠物店，店面不大，但是东西挺多的。

家长：是啊，50平方米。

阿诺对店里的印象比对家的印象深。

家长：它在家基本上除了在客厅吃饭就是回我房间睡觉。

我：身体的问题困扰着它，使它的活动受了限制，所以它变得比较安静，不好动了。你和它的互动、交流也不是特别多吧？感觉你好像一直都在忙，虽然常在阿诺身边，却很少交流，属于默默地关心。它所认识的世界比较小，人和事都比较单一。

家长：是的，因为不怎么出去。

我问阿诺：阿诺，你有比较想做的事情吗？

它想了一下，没想出来。

一般这种问题，我问毛孩子后它们都会很快回答，甚至给出很多个答案。而阿诺停顿了很久才说：就这样安静地待着，挺好的。

不知道为什么，阿诺的回答让我有些小小的伤感。

家长：那我能为它做些什么？带它出去玩吗？

阿诺不想主人为它做些什么，它就希望这样陪着主人，看着她走来走去。

看着她走来走去？

我好奇地问家长：你是常常在阿诺可以看到的地方走来走去吗？

家长：店里有客人的时候我就走来走去，会很忙。

阿诺：如果可以的话，带我出去走走吧。天气凉爽的时候，我想去附近看看。

阿诺对天气热、闷都很敏感，会觉得身体不舒服。它补充说：出去一会儿，不用太长时间。

家长担心它身体吃不消，而且它不方便走路，又怕它心脏出问题，但是还是答应说：一定带它出去转转。

阿诺让我看到一个画面——它头可以探在外面，又不用自己走路的画面。

我问：你们是有个狗包包吗，头可以探出来的？

家长：是狗狗推车。

原来如此。

阿诺：我没什么特别的朋友。

它表现得有点小小的忧伤，继续说：就近一点，不要太远，我也担心突然不舒服。如果突然不舒服了，就带我去有冷气的地方。

阿诺对自己的身体状况很了解，可能久病自成医了吧。

我：还有什么需要我传达给阿诺的吗？

家长：我希望它看到店里的狗不要太激动，希望能在我身边陪伴得久一些。

我：你们之间相处挺平淡的，重复着每天几乎一样的生活，相处也很顺利，没有矛盾和不习惯。

从和阿诺的交流中可以感觉到，它的世界好小，它知道的、见到的也好少，以至于它说不出太多的东西来和我分享。

我对家长说：你们都交流很少吧？感觉你是个比较内敛的人，不太愿意向人倾诉。

家长没回答。

家长：它有什么比较开心和不开心的事吗？

我：没有，它比较平淡，觉得基本每天都一样，没什么特别的事情发生。但是它考虑出去看看。可以把它放在包里，方便带出去。如果出门的话，15～20分钟就可以了。

看来阿诺还是很想出去看看的。

我：阿诺还说，希望能和你的关系更密切一些，它想待在你身边，可是感情互动不多，所以都不知道怎么表达。陪在你身边是它现在唯一可以做的了，其他的它也不知道能做些什么。

很多狗狗的心愿都是陪在主人身边。

家长：我确实除了常常带它到店里来，就没有其他特别多的沟通了。偶尔抱抱，但是抱一会儿它就热了，开始哈气的时候，就只能放下它。

我：找个凉快点的地方，躺在它身边，不用抱，摸摸它，和它说说话。这样它就满足了。

家长：好。

这是我第一次遇到这么内敛的家长，从不与自己的毛孩子吐露心声，只是默默地照顾着。

家长：阿诺有没有觉得我对它很苛刻？因为医生让它减肥，所以狗粮也没有喂很多，零食也不给吃。

阿诺听到这个问题时，很无奈地说：我已经习惯了，她一直这样，所以生活得很规律。当然我也知道主人是为我好，所以我也很听话，一直配合着。

家长：它有什么特别想要的东西吗？

阿诺：没什么特别想要的，我都没接触过什么东西，吃的也是，用的也是。要不然给我买个小玩具吧。

家长：我觉得好亏欠它。

不能说亏欠，只是它的生活真的有点太单一了，没有接触过什么，所以也没有这个意识和认知。当然身体不好，也受到了很多的限制。

家长：那我现在能做些什么补救，让它生活能丰富一点？

我：就带它出去看看身边的世界吧。小区附近、店铺附近都可以，一些新鲜的东西。

家长感慨：因为开店花了太多时间，没有时间陪家人，也没有时间陪狗狗，真的很内疚。

我把主人的感受告诉了阿诺，它好像依然很平静。感觉真的是习惯了这样的生活。

阿诺很无奈，也觉得是自己身体的原因阻碍了很多事情，所以也并不责怪主人。它最开心的时候就是一开始看到的在玩玩具的画面，那段幼时的回忆。

家长：现在也不那么忙了，可以有时间常常带阿诺出去了。

阿诺听了后露出了很期待的眼神。

我补充道：阿诺的生命受不确定因素的控制，所以有机会就带它出去看看吧，你也可以散散心。其实，在性格上你和阿诺有点像。

家长也承认：就是单一，比较平平淡淡的。

我又补充：最重要的是，有时候内心都不表达出来。

我们往往能从动物的身上发现自己的问题。因为了解了毛小孩后，也使自己变得越来越好。这就是动物沟通的意义。

沟通结束后我才知道，家长是一直哭着在和我聊。

这次沟通后，她和阿诺说了很多心里话，阿诺很开心，还试着撑起腿走向她。看着它这样很心疼，不和它说了，它就趴在身边。

阿诺的世界其实不小,就是从这次沟通后开始变得新鲜不一样了。

几个月后,我得知:阿诺离开了主人,去了汪星球。

好在家长后来实现了自己对阿诺的承诺,带它出去看了看外面的世界,一直陪伴在它身边。

好在家长知道了阿诺的心意。

如果我是不善于和毛孩子表露自己内心情感的人怎么办?

你可以通过心里默念把你的心意传递给毛孩子,默念就好,或者脑海里想的,用意念传递画面或讯息给它们。它们都可以接收到,也可以感受到你的心。

miumiu从小就有吃塑料袋手提把的习惯。每次有任何塑料袋一提回家，一转身的工夫，塑料袋的手提把部分就会消失不见，因为不见的部分被miumiu吞掉了。

吃塑料袋的猫

miumiu

中华田园猫

性别 男生
年龄 9岁
沟通师 维尼

虽然目前miumiu的身体还没出现什么问题，每次也总能从猫砂盆里找到随着便便排出的塑料，但我们还是希望能降低异食的风险。因为只要一次塑料袋没有排出，猫咪就要面对开刀将塑料袋取出的风险。

于是，请到维尼老师来跟miumiu沟通一下，

希望它以后不要再吃塑料袋了。

我：可以问问它能不能不要再吃塑料袋了吗？

miumiu：因为那个咬起来口感很不错，觉得很好玩，会有沙沙的声音，所以每次都想去咬一下。这么好玩为什么不能咬呢？

维尼：因为吃下去会生病，生病要看医生、要开刀的。

维尼问我：它有开过刀吗？

我：没有，也很少看医生。

miumiu：开刀是什么？

维尼：开刀就是把你的肚子打开，会很痛。

miumiu 沉默了，它终于沉默了。

也只沉默了几秒。

miumiu：你知道吗？有一种小袋子特别好咬，这种袋子一出现，我会马上去咬。

它是在转移话题吗？完全不管刚刚说生病要开刀的事儿。

维尼：如果一直这样吃，塑料袋会在你肚子里面越来越多。然后你就要去看医生，要开刀把肚子打开取出塑料袋，就哪里都不能去了。

因为 miumiu 很爱玩，告诉它哪里都不能去，看能不能让它警惕。

miumiu：我试试看，尽量不去咬。不过那个东西真的很吸引我。

维尼告诉我：miumiu 因为很健康，很少看医生，所以提到看医生它也很冷静，一点也不害怕。

沟通的后续发展：

事实上，miumiu很坚持要吃塑料袋，因为它身体很健康，所以我们很认真地用医生开刀来跟它沟通，但没有起到作用。对它来说，每天的日子就是吃吃吃、玩玩玩，虽然已经尽力与它沟通，但仍无法让它停止这个特殊的癖好。所以，改变不了猫，只能改变我们自己。

现在回到家第一时间就是把所有的塑料袋收起来，偶尔来不及收的时候，一转眼塑料袋的提手就会凭空消失。就目前情况而言，最好的做法就是在家中减少塑料袋的使用与出现。

另外，我们也请沟通师维尼沟通了一些其他的生活问题。

我：早上我睡觉的时候，它为什么要打我的脸？
维尼：它说你睡太久了！它说它都起来了你还在睡觉。

我：那它可以不打我吗？我的脸被它打得好痛！
维尼：它说这样你才会起来啊！
我：但是这样有点危险。
维尼：它说它之前试过不伸爪子，可是你不理它，你都没反应。

维尼：要不要跟它商量一下，它不伸爪子拍你，你就会起来？
我：不用了，万一我没做到骗它就不好了。
维尼：对，如果跟它商量好了你却没做到，它之后会变本加厉的。
我：那跟它说，这样我会受伤呢？

维尼：它说，啊，是这样啊，那它下次会控制或抓别的地方可以吗？

我：可以。

我还是被miumiu的回答感动了。

维尼：它很坚持你不能睡太晚，它说你都很晚睡，这样不健康，这样不好。

我：它的确会等我睡觉，我还是问别的好了。它还有什么想对我说的吗？

维尼：它说，如果要陪它玩可以换别的游戏吗？它说逗猫棒的路径和轨迹它都知道，挥来挥去都是那几个方向，没有很好玩。看你们玩得很开心，它才陪你们玩玩。

我：天啊，陪它玩还被嫌弃。那它想玩什么？

维尼：它说它没有玩过其他的怎么知道想玩什么。

我：可以跟它说我们都很爱它。

维尼：它说这个它当然知道。

对话结束。

通过沟通可以知道，miumiu的性格是非常自以为聪明的。我个人认为它傻傻呆呆的，但它却认为它是我们家最聪明的猫咪。不管怎么样，感谢维尼的沟通协调，也感谢猫咪愿意跟我们沟通，完成了搬家前的大事。大家一起住，都是家人，要互相体谅。当然最能改变的还是人，有些东西要猫咪改变，还真不如自己改变来得快速、有效，猫咪就当快乐的小猫咪就好了。

狗狗也有心机

主人面前我最好!

前几天,有位沟通师来找我,说她今天沟通的一个案子错了好多。当时我刚好在接案中,我建议她和家长说改期再重新来一次。那位沟通师照做了,家长也同意改期。据我对这位沟通师的了解,她的水平发挥得还是很稳定的,也很细腻,怎么会错很多呢?

我结束了手上的案子,也想和这个毛小孩切磋一下,看看到底是怎样一个毛孩子,让我很看好的沟通师那么挫败。

性别:女生
年龄:不详
沟通师:贝丽

兜兜
泰迪

刚和兜兜聊上,就发现它性格怪异,脾气时好时坏的,有点儿难以捉摸。

主人想知道兜兜每天都在想什么,不爱玩玩具,也不爱和其他狗狗玩,整天趴在床上。主人很不解。

这种奇怪的性格还是挺少见的。

我先了解了兜兜吃的食物，它不爱吃干粮，应该说什么粮都不爱，只吃肉泥类细软的食物。

我之前也遇到过一只这样的狗狗，纯属是家长宠溺的，怕它咬不动，所以把食物弄得很烂很碎，结果导致狗狗一口烂牙。最后家长自责不已。

兜兜家长虽然没有像我之前遇到的家长那么宠溺它，但是对它宠爱的程度也是有视如己出的感觉了。所以兜兜的牙齿也不是很好。

那我就问问它爱吃什么好了，总会说得出吧。结果兜兜对食物是真的一点都不爱，而且它自己都说不清爱吃什么，真是一个很作的"小姑娘"。唉，遇到这样的毛孩子，换谁谁都头疼。吃啥来个随便，结果真随便给，就什么也不吃。

兜兜的性格那才特别呢！说到狗狗，一般都是比较直白的，表现的是怎样，性格也是差不多类型的。结果这个毛孩子是个两面派，对内对外两种性格。在主人面前温柔乖巧，对外又凶又霸道，就是一小霸王，其实我很想用"小泼妇"来形容。哈哈，沟通师也是要注意用词的。

它对外人有点儿小傲慢，唯独在主人面前是个乖孩子。我看到一个画面：在主人面前各种可爱的表现，求主人抱抱撒娇的画面；在外人面前就凶狠跋扈，一副不要惹"姑奶奶"的表情。

这不就是传说中的心机嘛！我突然想到了这词！

太出人意料了，猫咪有心机也算正常了，狗狗也有这样的？我也是开眼了。当然这个词也不能告诉主人，因为很容易引起矛盾。

我把我的感受告诉挫败的沟通师后，她大呼：我竟然被一只狗娃给骗了！

她完全没有想到一只狗狗也会这样隐藏自己。

后来听这位沟通师说，我说的都是对的，主人也这么认为。本来有点尴尬的沟通重来了一次，就一切顺利了。

我
想要自由

● ● ● ● ●

记得有一次受朋友所托接了一个走失协寻的案子，家长特别的着急。

当然，我也能理解自己家宝贝走丢的心情，但做走丢动物的沟通难度是很高的。首先走丢的是动物，它们不会说话，无法形容自己所在位置附近有什么名字的路牌或者建筑物。而且它们一直都是在移动的，因此它们传递给我们的讯息可能会有时间上的偏差，所以一般协寻都需要两三次的沟通，而且结果也不一定能找得到。

宝宝　博美

性别：男生
年龄：不详
沟通师：贝丽

第一次和宝宝沟通的时候，我们没有过多的情感交流，只是一直都在通过宝宝的视角看它周围的环境，然后告诉家长去有相似环境的地方寻找。我再三叮嘱宝宝不要离开那里，请它注意安全。

其实对我而言，我觉得第一次沟通是失败的，因为家长找到了这样的地方，但是没有看到宝宝的踪迹。

第二天早上我们进行了第二次沟通，这次我和宝宝算是认真地聊了些心事。

我看到了宝宝传递给我的画面：它走在一个像乡下的水泥小路上，周边都是绿色农作物。绿地中有零星的自建民宅，人不多，很安静，空气也很好。

可能我们都比较轻松，所以它第一次主动和我说它的心里话。

宝宝：我不想回去，我想要自由。

那个语气，就像一个叛逆的小孩子，好像受气后在和家人赌气闹情绪。

宝宝接着说：在外面的感觉挺好的，原来住的地方没有什么可以留恋的，我都没有活动的空间。我住的地方还有那么多的猫猫狗狗，但我的好朋友却不在那，也没什么人关心我。

当我告知家长的时候，家长并没有告诉我狗狗的真实居住情况，只是一味地表达自己对宝宝的爱，希望它能回来，并自责因为工作太忙，忽略了它。

每当我听到宝宝的主人说到她的感受时，就觉得人和动物相处，就好比人和人之间的相处，一切感情都需要相互付出的。如果只在意自己的感受、自己的需求，没有行动付出，另一方很少能做到长时间不求回报的。

我把家长的话都和宝宝传达了，当时感觉到宝宝有点心软，它说：我知道主人爱我，但是是否回去我还需要考虑。

说完宝宝就走了，我们没有道别。

我把所交流的内容和看到的环境画面和家长描述后，家长说我描述的这个地方距离走失的地点已经有些远了，但是她会去找找看。

从这次的沟通中发现，宝宝是只有自己个性和思想且固执的狗狗。

距第二次沟通后的第三天，我和宝宝又做了一次认真的沟通。我想，这次它的心意应该是很明了了。

宝宝让我看到了它曾经生活的地方：是笼子，是栏杆，没有活动的空间，偶尔会出去走走，但是也是有围墙的地方。它并不快乐，也没有看到家人的身影。

宝宝：我讨厌那里，现在在外面虽然吃不饱，但是也不会饿着，有个女人会定时喂我东西吃，我就睡在她的院子前。

它的心情很轻松，感受到了自在。虽然脏脏的，但是它并不在意这些。

当我和家长核实宝宝的生活环境时，家长才和我说了所有的一切。

宝宝是一只被救助的狗狗，从救助回来就长期住在朋友的别墅里。那里是个家庭寄养的地方，住着很多救助的或者寄养的猫猫狗狗，所以大家都需要住在笼子里。

偶尔工作人员会让它们在院子里活动一下，但时间很短，因为工作人员很忙。而家长真正把宝宝带在身边一起生活相处的时间只有3个月。虽然她说她很爱宝宝，当儿子一样，但后来还是因为工作太忙，又送回了之前寄养的别墅。送回去不久，宝宝就自己走丢了，再也没有回来。

这一切在我看来只是一种自私的个人行为，为了自己的便捷和自己情感的抒发，用自己认为对的方式对待了动物，这并不是一份真正的爱、一份健康的爱。

爱是需要花时间去了解它，并且宝宝是一只曾经流浪过的动物，所以更需要让它先感受到家长对它的用心和付出，感受到家长爱的温度，不是吗？

不然，怎么会在一只狗狗心里连家长的样子都不记得，都看不见呢？

当然，家长还在不停地说宝宝对她多重要，会一直继续找它，希望还能再见到它。

当我传达给宝宝这句话时，宝宝的回应让我有点触动和震惊。

宝宝：如果她能找到我，我会让她看到，并且不会从她的视线里走开，如果她能坚持的话。

这句话是宝宝对家长的考验吗？还是对家长的不信任，觉得她不会坚持？

家长是否真能坚持不懈地去找它呢？我不知道。

但我知道一切都是相互的，人与人、人与动物、动物与动物，皆如此。

你的付出，它们都知道。它们对情感的感受比我们人类更敏感，也爱得更单纯，付出得更无悔。

只要你给予的是适合它们天性的生活方式，尽可能避免强迫，或者偏心，哪怕它们受多少委屈也绝不会记恨在心。因为它们爱着自己的主人，主人才是它们的唯一。

就在最后一次沟通后，我叮嘱了家长，让她去我说的地方贴寻狗启事，撒网式地贴，虽然那里距离走失的地方有一些距离，可我也希望她真的可以如沟通时说的：不会放弃。

好消息是，贴了寻狗启事的第二天宝宝就找到了。家长告诉我，宝宝确实在那个乡间的民宅住着，那位妇人也挺喜欢它。好在交涉后，妇人归还了宝宝。

家长说现在宝宝有了自己的活动空间，也可以时常和其他的狗狗一起玩耍了。

听到这样的消息我真的高兴极了，宝宝找回来了，家长也实现了自己对宝宝的承诺。我这也算是真的帮到他们了。

我最后还是再次叮嘱了家长，希望她失而复得后，能如沟通时所说，真正地从宝宝的角度去了解它、尊重它。

Tips

如果自己家的狗狗不慎走失，我该怎么办？

1. 狗狗丢失的 24～48 小时是最好的寻找时间

一定要在第一时间开始寻找。你要尝试回忆，想想狗狗大概是在哪里走丢的，然后到原处去寻找。最好请熟悉狗狗的人帮忙一起寻找。

2. 要到狗狗平时经常去、喜欢待的地方去寻找

因为狗狗走丢之后也会寻找一个自己熟悉且感到安全的地方，所以它很可能去曾经常去的地方。

3. 贴寻狗启事

在狗狗丢失的附近小区或街道张贴寻狗启事，请当地的居民来帮助寻找。寻狗启事内容一定要附上狗狗的照片、狗狗的名字、走失的时间地点、体态特征、主人的畅通联系方式等，以便让找到狗狗的人能顺利送还主人。

有必要的话可以附上悬赏金额。

贴启事的地点主要是走失地点周围人气高的、显眼的地方,比如周边社区公告栏、人来人往的路边,以及狗狗们经常去散步玩耍的地方。因为喜欢狗狗的人会感同身受,积极帮助寻找和扩散消息。

4. 利用各种信息发布渠道寻找

通过微信朋友圈、微博、各种群甚至广播电台等平台发布寻狗信息,内容同寻狗启事。

5. 调取监控录像寻找线索

如果你知道你家狗狗丢失的具体时间和大概位置,可以注意一下周边的监控。联系有监控的小区物业、商店等,说明情况,请求调取录像看看狗狗的走失方向和路线,以方便寻找。

6. 到宠物医院问一问

狗狗不小心跑丢的过程中有可能会受伤,大多数发现者会先送到医院,所以主人可以到附近的宠物医院询问。

7. 向动物保护组织求助寻找

现在每个城市都有一些动物保护组织,可以寻求他们的帮助。动物保护组织有很多的信息发布渠道和大量的志愿者,可以帮助主人发布寻找信息。

另外,周边可能有流浪狗救助站、流浪动物爱心小院等,狗狗可能在走失的时候,遇到一些好心人把它送到这些地方,可以问问这些机构近期有没有收留疑似走失的狗狗。

8. 到市场碰碰运气

还有我们最不愿意想象的一种可能,就是社会复杂,有些人会捉去养,有些人会拿去卖,有些人会捉来吃,还有些人会虐待小动物。

重要的是,出门遛狗一定要记得给它戴上牵引绳,做一个对狗狗负责的家长。

猫咪走丢也可以参考以上寻找方式。

我是主子,你是『铲屎官』

我一直对黑猫有着特殊的好感。身边养黑猫的朋友也很多,总是听他们叙说自家黑猫与其他猫的不同,有多么的好脾气、聪明,等等。所以我觉得黑猫应该就是这样的。

碧浪

田园猫

性别 男生
年龄 2岁
沟通师 贝丽

我以前的同事噜噜因为我的推荐领养了一只我朋友救助的黑猫。自从养了这只黑猫后,噜噜每天上班都要和我聊她的猫,说她的猫是多么的可爱,就连叫声都是奶声奶气的,让人融化……

好吧，作为没有养过猫的我，其实不太能理解这种感受，我猜应该就和我爱我家的狗一样吧，即使吃了粑粑都会觉得可爱的那种吧。

有一天，我好奇地问噜噜：你这么爱它，你给它取了什么爱称呢？
噜噜：叫碧浪。
我好奇地问：啊？碧浪？为什么叫碧浪，是因为汽水吗？
噜噜：因为它姐姐叫碧池啊。
我：额，好吧……
果然是设计师，脑洞的确很大。
过了几天，噜噜突然微信我，说她被碧浪咬了。想请我帮忙问问，碧浪为什么突然咬她。

我刚和碧浪连接上的时候，就看到碧浪传递给我的画面：它懒洋洋地趴在地上，抬起笔直的后退舔着自己的大腿内侧，悠然自得。
腿形很好、很性感，我心想。
我：久仰大名，碧浪，我听你主人提起你好几次。她希望我问问你为什么会咬她，是因为你哪里不舒服吗？

我和碧浪打了招呼，它显然没太在意我，继续舔着它的毛……
空气凝固了几秒钟，它突然停下，对我说：那时候我很疼，医生弄疼我了，刚好主人碰我的时候身体正疼痛得厉害，就一下子害怕地咬了她的手。
原来是这样，我立马去和噜噜说了这个事情。
噜噜回想说：那时候它确实是刚从医院回来，医生好像是弄疼它了，弄得它不是很开心。

我问碧浪：你爱你主人吗？

这个问题是每次做动物沟通时的必问题目。

碧浪：我是主子啊，她是铲屎的。

我无语，第一次遇到这么直白说出口的猫。虽然以前也遇到过对主子不是很上心的猫，但也没有这么直截了当地不在意。

我一字未改地告诉了噜噜，她竟然也没有失落，很开心地说：对啊，我就是"铲屎官"啊！它是我主子啊。

养猫的都喜欢一点点被虐的感觉吗？

我问碧浪：那你喜欢谁啊？

碧浪传给我一个画面：家里还有一个人，是个男生。

我问噜噜：你家还有其他人吗？除了你以外还有男生？

她说是她哥哥。我告诉她碧浪好像比较喜欢她哥哥。哥哥对它很温柔，它对哥哥也是，有一种想要和他恋爱的感觉。

噜噜这下才失落起来，但是她说：我也有这个感觉，碧浪对哥哥就特别温柔，会撒娇，还会陪他睡觉。

又吃醋地说：对我就不是这样，叫它都不爱理我。

好吧，原来是个复杂的"三角感情"：噜噜爱碧浪，碧浪爱哥哥。

我：碧浪经常会找哥哥撒娇，特别是哥哥坐在沙发上的时候，它就会过去找他，求摸摸。另外，你家的沙发是灰色系的吗？

噜噜：是的！真的就是这样。

碧浪好胖哦，它有个巨臀，走路时大腿内侧都可以蹭到了。它虽然是"男生"，但是感觉更像"女生"。

其实说这句话的时候，我回想起之前沟通的一些猫，公猫的性格偏阴柔的比较多，而且公猫比母猫都要心细、娇柔。

我问碧浪：你有什么爱吃的吗？

就看到它对肉啊鱼啊都没兴趣，唯独对奶类的东西很喜欢，酸奶啊、牛奶啊都特别喜爱。其他的一概没有兴趣，对猫粮也没什么追求。

原来碧浪是如此独特。

碧浪在家都好安静，也不去玩，也不闹，也不找主人，就自己安静地躺着。

噜噜也这么说：就爱这样的碧浪，怎样都很好，就是很喜欢它，好佛系的。

基本快聊完的时候，我突然接到碧浪传给我的一个讯息，它说：

最近的粮有点干,没什么油,不是很喜欢。

噜噜告诉我,她觉得以前的粮有点太油了,就给换了。原来碧浪喜欢稍微油一点的粮啊!

噜噜笑着说:主子说了,那我马上就换回原来的,满足主子的需求,它要啥都满足。我就是那么喜欢它,心甘情愿地做它的铲屎官。

我觉得作为养猫一族,确实,如果没有这点度量真的还是不要养了。

心甘情愿,很乐意地做铲屎官,伺候主子。

当你选择成为铲屎官后,你需要做好的心理建设

忍受它们的淘气,习惯它们高冷的性格。
它们可以不完美,但是你必须"完美"。
说到做铲屎官,首要一点就是如何跟自己的猫主子很好地相处。
其实,每只猫都有不同的性格,我们无法预知你的那个它是什么样的猫,我们更没有机会去选择,我们能做的是找到更好的相处办法。
但你要知道,绝大部分的猫咪性格都是高冷的,没有特殊情况,它们不会主动去搭理你,而且在年幼的时候都非常非常的皮。我们必须通过长期的相处去适应对方,我们要花一些心思去告诉它们什么该做、什么不该做。但你想培养出一只完全听话的猫?想都别想了,毕竟它们才是主子。

我是你的小甜甜

"王,我是Leslie,我在亚洲动物沟通联盟的公众号上看到可以申请动物沟通的公益服务。我刚领养了两只流浪猫……"

我一般看到这样的自我介绍,都会直接回复:不好意思,我们是针对救助机构和救助人所救助的动物提供的公益服务,领养人是不在这个服务范围内的。

但是,这次来约动物沟通的是个男生,相比较而言,来约动物沟通的男生很少。出于好奇,我在一秒的思考时间里回复了:你好,可以啊。

对自己的表现,真的是佩服。

这个男生还是很有礼貌的,他说:去年9月我朋友在他家小区捡了两只流浪猫,我看了很投缘就带回家照顾了。现在已经10个月大了,上周刚做完绝育手术。现在的问题是,它们总会在沙发上尿尿,我找不出原因,想请您帮忙跟它们沟通一下,看看到底是什么原因。

因为是公益服务,对每个家长只能提供一个名额,所以我建议他跟那只问题比较严重的进行沟通。

男生爽快地答应了,并向我推荐了叫朵朵的三花猫。

性别:女生
年龄:10个月
沟通师:贝丽

朵朵　田园猫三花

刚开始和朵朵连接上的时候，真的有点担心，朵朵对我很戒备，没有任何讯息分享给我。我只能从大局开始：

我：朵朵在家是个挺乖的小猫，性格比较文静一些。

家长：是的，比起另一只它比较文静，也很乖。但是最近经常乱尿尿，不知道为什么。

我没在意家长的疑问，继续感受朵朵的生活环境。

我：你家整个环境也比较安静，有格调，布置也很有感觉。

家长：是的，你怎么知道？

我心里暗想，动物沟通师可以通过动物去感受它所在的环境啊。

我问朵朵：你的主人说你最近总是乱尿尿，这是为什么呀？

朵朵：我也不知道。

我：我感觉到朵朵的身体有些问题，尿尿时有些控制不住，感觉像尿不尽，并且尿尿的时候还有一点点的酸疼。

家长：那我该怎么帮助它呢？听之前捡到它的家长说它好像从小就会乱尿尿。我要带它去看医生吗？

我请家长稍等一下，让我仔细感受一下它的身体。

朵朵乱尿的感觉像是刚尿完一会儿就又尿了，尿不干净，尿尿的间隔也不是很长。

我问朵朵：你的身体出现点问题，导致你总是乱尿尿。你想去医院让医生帮你看看吗？

朵朵：能解决这个问题的话，我愿意配合主人。

家长：那朵朵每次尿完我都要特别注意它是不是还有再尿的感觉？

我：是的。

家长：我还可以问其他的问题吗？

我：当然可以啊，时间内都可以聊。

家长：最近家里会来一只柯基犬，我想请它们和睦相处。

我刚传递给朵朵这个信息，它一听到就惊讶地跳了起来。

家长补充：柯基目前没有家，来我们这里暂住一段时间，朵朵可以做到吗？

朵朵：我躲高一点，不要让它来惹我，应该会好些。

感觉朵朵好像很担心狗狗会调皮，会很吵，会烦到它。

朵朵：主人说是暂时的，而且说它没有家，应该很可怜。

朵朵很配合主人，只要主人提出的，它都愿意配合他。

说到这里，感觉朵朵的话匣子打开了，我和朵朵的气氛也变得比较舒服轻松些。

其实我一开始和朵朵连接到的时候，什么画面都没有，朵朵就和我说了一句话，还是第一句话，我觉得有点奇怪。

朵朵问：主人是不是喜欢别人了？

我向家长提出朵朵的问题，家长笑着说：我正要和你说呢。

看来果然有些问题。

家长：它喜欢我的女朋友吗？我感觉之前它乱尿好像都是我女朋友坐过或者待过的地方。柯基犬也是我女朋友的。她们正在找房子，要暂时住我家一阵子。

对于这个问题，朵朵的回答是：我希望自己是一个大度、优雅的女生，想为主人着想。

家长：它是不喜欢我女朋友的意思吗？

其实朵朵对主人的感觉是有一点点爱意，藏在心里，默默付出的感觉。不能说不喜欢主人的女朋友，也不能说喜欢。那种感觉就像是小女生的暗恋。

家长：我的女朋友也很喜欢朵朵，朵朵知道吗？

我把朵朵的情感告诉家长：朵朵虽然知道，只是它有点吃醋，有点怕你以后不亲近它了。它不在意别人是不是喜欢它，只在意你喜不喜欢它，想做你心里的"小公主"。

家长：我喜欢朵朵、关心朵朵，它永远是我心里的"小公主"。

这家长的觉悟还挺高啊！

朵朵就像一个乖巧可爱的女生，凡事依赖着"爸爸"，只希望"爸爸"多想着它一点。

家长接着问：生活上朵朵还有没有希望调整或改变的呢？

我问朵朵的时候，朵朵两眼放光，幸福地说：主人做的一切都很好啊。

我问它：你就这么喜欢你的主人啊？

朵朵甜蜜地说：是啊，主人很帅，很温柔，也会照顾我们。

家长这时候又问我：朵朵是怕我不亲近它，所以才会乱尿，还是单纯的尿路问题？

我：吃醋是情绪上的，尿不尽是身体问题造成的，所以还是请观察一下。

家长听从了建议，说：告诉朵朵，我最爱的是朵朵，它一定知道吧？朵朵竟然表示怀疑，我想是因为女朋友的存在吧。

我告诉家长：朵朵是个嗲嗲的可爱女生，小女生吃醋嘛，哄哄就好啦。

我真后悔说了这句安慰的话，因为刚说完，家长在我面前就又喂了一次猫粮，满是宠溺地说：朵朵好矫情哦，它真的是很嗲呢。

我看时间也到了，赶紧道别，这甜蜜的家庭让我实在是有点"受不了"呢！

这个沟通结束后，我的心情好了一整天，真希望多些这样美好的家庭。

Hello，你是佩琦吗？

家长：想知道它爱不爱旅游。
我：就这一个问题？
家长：对啊！其他的，只要它吃好喝好就行了。

19个动物沟通案例

噜噜　香猪

性别：男生
年龄：3 岁半
沟通师：贝丽

　　一般家长花了钱都会想多了解一些自己的毛小孩，这个家长还挺有意思。

　　我感受噜噜身体的时候，一开始有点搞不清它是男生还是女生，它的性格里带着一些害羞腼腆。
　　过了一会儿，我发现：原来你是男生，怎么还有点害羞了啊？
　　我看到噜噜咧着嘴笑，好一个可爱天真的样子。
　　看着它的笑脸和身体的状况，像一只 3 岁左右的小猪。
　　我没了解过猪的寿命，它现在应该还是个孩子，很年轻。

家长：噜噜今年已经 4 岁半了。

噜噜很幸福，全身上下写着幸福。

它给我看在客厅里主人喂它水果的画面，哇！那么多种类的新鲜水果，洗得干干净净，切得整整齐齐。主人一块块地往噜噜嘴里喂，它吃得很欢快。

我：噜噜是不是在家常常吃各种水果啊？它好像很喜欢吃水果，你们会一起喂它，有苹果，还有深色的，不知道是什么果子。

说出这些的时候，突然觉得我妈都没这样对过我。水果供应那么多种，我都有点羡慕了。

我：噜噜，你们是常出去郊游吗？

刚问完，就看到噜噜在用鼻子拱沙子，闻着沙子的味道，它心情很好。

一会又看到噜噜走在石街上，环看四周，是古镇啊。我看到噜噜得意地、悠闲地走在石街上。

我再次心生羡慕！

回想起我的狗去过海边、古镇和雪地，噜噜竟然也去过那么多地方，怪不得一脸的幸福。

它觉得自己很不一样，每天都很开心。

我们又回到了噜噜的家。家里平静和睦，也很整洁干净。还有只狗狗一起生活，它们相处得很和谐，不需要主人太多干涉。

我很好奇噜噜是怎么上厕所的，我问它：你在家是在哪里上厕所啊？是尿在尿垫上吗？

不对，家里没看到尿垫啊！

噜噜：我都很乖啊，不会给主人添麻烦的。

我看到噜噜每天都会出去散步，很得意，很骄傲，充满自信。

家长：它很得意呢，出去很多人都会围观它。

我问家长：你都没有什么其他的想和噜噜聊的吗？

家长：还真没有，它吃好喝好，对现在的生活满意就行。

我：你们交流得不多，不过它确实挺满意的。每天都很开心、很舒坦，是一只幸福的猪。

真挺有意思的，我心里想着。

家长：猪嘛，吃好喝好就行了。

哈哈哈，这话还真不错，噜噜还真的没有别的追求了。

家长：我每天下午带着它去散步，它在外面上厕所。每个月我们都会带着它和狗狗一起出去旅游一次。

怪不得噜噜觉得自己很特别、很得意呢。

不过换我是噜噜，我想我也得意得很了。

家长：它小时候我给它订做的小裙子有十几条，现在大了，人家不肯做了，说太费料子。

哈哈，这个主人真的也很可爱。

噜噜的内心是我最想探究的，这是我第一次和猪沟通，很想了解一下猪的心理是怎样的。

通过噜噜，我看到一片晴朗的天空，清透、干净且宽广，只有没有一丝杂念的心境才会这样透明、清爽。

一般这样的孩子，都有着爱它的家人。

我对家长说：你真的对它很好、它身体很好、很健康。你的家人也都很喜欢它。

家长：我可是把它当儿子养的，我老公不怎么喜欢它。

我：还好啦。虽然你一直照顾它，你老公看着不喜欢，其实心里不讨厌，也没有距离感。

这些都是噜噜告诉我的，它都知道。

有时候人会用外表来掩盖自己的内心，但是动物都知道，包括你的一点点小心思，你是不是真的喜欢它、爱它。

第一次和猪做沟通，真的很有意思呢。它真的很乐天。

这让我想起以前老人家都喜欢用猪来形容孩子们幸福的生活，吃吃喝喝就好。现在想着还真的是这样，如果每个人都抱着和噜噜一样的心情生活，那真的是很幸福呢。

Tips

香猪会长大吗？

小香猪是小型香猪的统称，品种很多，且大都体型矮小。能做宠物猪的只有巴马香猪，因为它体型小、花色漂亮，它的寿命为 10～25 年。

小香猪并非长不大，喂养得好是会长大的，只是长得比较慢而已。如果当宠物猪养，主人要有足够的能力和定力控制猪猪的饮食。控制得好在七八十斤以内，否则长到 100 斤以上是没问题的。

目前，小香猪最佳纪录是 3 岁 30 斤，最大纪录是 300 斤，已经超出迷你猪的范围了。

鹦鹉阳阳

最近我被一只鸟震惊了……我小时候养过画眉鸟,后来除了陆陆续续飞来我家住的小鸟外,就再也没接触过鸟类。这是我这么多年来再一次和鸟类接触。

它叫阳阳,一只灰色的鹦鹉。

我刚开始和它连接上的时候，就感受到了它对人类的一丝轻视和一副鸡贼的笑容。一看就是个聪明的家伙。

我向家长传达了我的第一感受后便开始进入话题。

家长想知道它爱吃什么坚果，喜欢什么水果，为什么那么凶要咬主人，并特意交代，说现在她是它的家长了。

阳阳好爱嗑瓜子，也爱吃坚果，告诉主人后却遭到了拒绝。主人说它曾经因为瓜子吃多了，生病去了医院，所以瓜子它是再也不能吃了。只能换其他的坚果，比如核桃什么的。

它还爱吃草莓、樱桃，只要是红色的它都爱吃。还真是只会吃的鸟。

家长问：它还喜欢什么？

阳阳说：可以不用住笼子吗？

这个问题好像又要被拒绝了，家长说：它在家到处窜，抓都抓不住，家里还有狗，不敢散养。

家长问：它最喜欢家里的谁？喜欢家里的狗吗？有狗陪它不孤单吧？

我刚问它和狗的关系时，阳阳就说：我和狗没啥关系。

就在那个时候，我感觉到了阳阳是只雄鸟，虽然主人不能给我证明，因为她自己都不知道。

我：那你喜欢谁呢，主人的妈妈？主人的姐姐？还是主人？

当问到这个问题时，我看到了一个长发的年长女性。

我：你姐姐是长头发吗？

家长：是的。

但是我又有点奇怪，家里还有位男士。

家长告诉我，她的邻居也是长头发，阳阳喜欢的可能是邻居。

我：这个男人和女人常逗它。

家长确定地说：那是她的邻居，它曾经被寄养在邻居家一段时间。

阳阳喜欢人逗它，就和它逗人一样。如果常逗它，它就会喜欢你。

然后我又看到了一幕：它站在狗狗的头上，让狗狗带着它到处走，它觉得自己好威风。

好吧，我再次觉得阳阳是只奇葩的鸟。当然我也直接拒绝了阳阳的想法，毕竟这样有点危险。

家长有点伤心，说自己经常抱阳阳出去玩，还让我转告它：等天气暖和了想把它放出来。但是前提是不能咬她，不然就只能关笼子了。

阳阳是只很活泼好动的鸟，精力旺盛。

我问家长：是不是把它放在手肘上带它出去散步？

家长：是的。

为了让阳阳出来不飞掉，我建议家长可以在带它出来的时候喂它吃坚果，让它知道你对它好，也可以在脚上拴上绳子，线弄长一点，可以像放风筝一样拉着。

家长总觉得阳阳是在骗我们，它不会那么听话。

阳阳其实话很多，它说它就是喜欢欺负主人，故意让主人抓不到它，它就很高兴。

我在心里偷笑，原来阳阳最开心的事情就是可以出来玩，还可以欺负人。

我劝说阳阳，不要欺负主人。

阳阳说它喜欢现在的豪宅，很大，五颜六色的，也不觉得冷。

家长再一次重复，让它不要咬她。

阳阳说它在考虑，知道错了，也知道豪宅、吃的都是主人买的，不能欺负她。如果想欺负人可以欺负别人。

我也向家长确认过，家里确实除了家长外，其他人都对阳阳不感兴趣。也因为这点，阳阳知道主人想靠近它，所以才故意逗主人玩。瞬间，我觉得这鸟的智商有点儿超乎想象。

家长问：需要给它找个异性伴侣吗？

阳阳的原话：一个人的日子都没过好呢！

我听到这句话瞬间就傻眼了，这是一只鸟说出来的话吗？

最后，阳阳告诉我它喜欢红色系，吃的东西也是。

我转告家长的时候，家长突然说：怪不得，她穿粉色睡衣的时候阳阳就对她挺好，穿黑色和绿色就要咬她。

好吧，这鸟确实挺奇葩的。

家长瞬间觉得阳阳要比猫狗都难伺候。

灰鹦鹉的智商有多高？

我是通过动物沟通才见识到鹦鹉智商的，出于好奇去搜了一下灰鹦鹉的智商，果然厉害！

它虽然没有漂亮的羽毛，但是它的智商是鹦鹉里最高的，可达到 4～6 岁小孩的智商。不仅如此，它对爱情也是忠贞不渝的，实行的是一夫一妻制。

不会恨，所以只能让自己不忘记悲伤

家长：您好，我捡到一只拉布拉多，一直找不到主人，我就自己养了。我发现它只要睡着就像做噩梦一样地哭，天天都这样，也不知道它以前经历了什么。

黛黛

拉布拉多犬

性别 ● 女生
年龄 ● 4岁
沟通师 ● 贝丽

每周我都会定期发布服务公益案子的海报，帮助一些救助人或者救助机构的流浪动物。

我做了一个简单的核实，证实了狗狗是被救助的以后，就约了一个最近的空档。

和往常一样，家长提供了照片、名字和想聊的话题。

主人就想知道它为什么总是看着那么悲伤。

我：Hello 黛黛。

我一般做沟通的时候，不会上来就话很多，我会先打个招呼，然后去感受毛孩子的整体状态，顺便做个基本信息的确认。

因为你在感受毛孩子的时候，它会传递一些藏在心里的画面给你。沟通师有时候就像一个会走进它们心里的小孩子，在它们的心灵花园里逛一逛、看一看，发现一些小秘密。

我：你捡到黛黛的时候，它好像已经有 3 岁了吧？
家长：去年 4 月 29 号捡到的，当时大概 3 岁。

接着，我看到一位男士，还有一个婴儿。男士像是在拉窗帘，而黛黛就趴在一边，好像被冷落的感觉。那位男士似乎不是很喜欢它。
我：你家里还有一位男士吗？
家长：没有啊，我一直都一个人。
从黛黛传递给我的画面来看，确实有一位男士，也许是它曾经生活的地方。

黛黛一直沉浸在忧伤中，它想不明白原主人为什么要抛弃它。
家长：对，我也想不明白。而且，那天它的主人是故意和它走散的。

黛黛很乖很懂事，也不闹，不像其他大狗，会鲁莽。
它真的很安静，就好像没有它存在一样安静。它总是反复地问我：为什么？为什么抛弃我？像个陷入死局的孩子，怎么都解不开题。
我绕开这个话题，问它对新家感觉如何。
它只是平淡地回了一句：还可以。

通过它的这句话，我感觉到它并没有打开心扉，还没有完全接受自己换了一个家，也没有想要让自己融入这个家里。

家长：我在尽力对它好，什么都偏向它。今年回家，我爸妈也很喜欢它，对它特别特别好。可是它还是一直不开心。

我：是的，它真的是一直都不开心，但它也能感受到你对它的好，只是它自己开心不起来。

家长：怎样才能让它开心起来呢？

说到这里，我看到一个画面：主人弯身，胸口贴近黛黛的头，抱着它。它很喜欢这样。

我：黛黛希望你这样抱着它的时候，给它一些鼓励、一些暖心的话。

我接着说：其实它的悲伤与低落情绪是它刻意想这样的。它不希望自己忘记被遗弃这件事。它不会恨，但是又不想让自己忘记这个痛苦。好像这个痛苦会时刻警示它一些什么。

家长：能说服它忘掉这些吗？天天看它做噩梦太可怜了。

我：我试试吧。

黛黛：我为什么要忘记呢？为什么？

它好像在这件事上有点死脑筋。不过这也可以理解，因为所有被主人遗弃的狗狗不管过了多久，都相信自己的主人会来找它。不管我怎么劝说都说不通。

黛黛：如果我开心了，我可能又会被抛弃，我会再次感受被抛弃的痛苦。如果我一直不开心，至少主人觉得我是可怜的，就不会丢掉我。

家长：你告诉它这里是它永远的家。

我：黛黛似乎对家长还没有完全信任和依赖，过往的记忆让它对家长有所保留。这需要时间去感化，只要你一直不变地去爱它、温暖它，它会慢慢信任你，并开始依赖你的。

家长：告诉它，我的家人都很爱它，永远会对它好，希望它开开心心的。

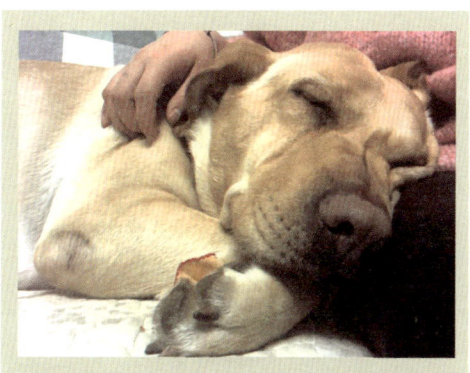

又是一个痴情的狗狗，不懂恨，只能让自己不忘记悲伤。

愿你能从心底开心起来。

大白，你想走了吗？

我这人记忆力不好，所以每天都会刷手机回看聊天记录和翻记事本，看看有没有漏了什么事。刚好翻到一个一周后预约动物沟通的家长，我还在回看对话内容时，突然接到这位家长传来的讯息：大白快不行了，感觉就这两天了。

大白　田园猫

性别：男生
年龄：去年去了喵星球
沟通师：贝丽

我赶紧把后面要进行的事情搁置了，回复：我现在就和它聊聊吧。

动物沟通里有一个类目叫离世沟通：针对那些将要离开的毛小孩，帮它们传达心愿及家长的祝福；更多的是沟通后，希望家长能留更多的时间陪伴它们，让家长亲自与毛小孩说一说自己的心里话，彼此都不留遗憾。

家长：麻烦你问问它，是想走了吗？觉得我哪里做得不好？想让我做些什么？

看到大白的时候，强烈的怨念扑面而来，还夹杂着些许恨意。

大白，你是有多深的怨念，把自己的身体弄得这么虚弱，还显露这样的脸庞？

大白被疾病折磨了很久，可是它却没有害怕死去。

之前看到大白的时候，它的怨念是扑面而来的，很重！而这次，却多了一些释怀。

大白：到这一刻了，我已经不在意了，也不想在意了。

它非常虚弱：我想走，走了就可以不用难受了。

大白的世界是黑暗的，没有希望。我真的不懂，它曾经遭遇过什么，会让它对活着如此没有期望。

我当时很想去问这个问题，可是欲言又止，它已经不在意了，我为什么要为了满足自己的好奇而再去让它回忆并不愉快的过去呢。

我看着大白的脸，看到了它头上的伤口，我问它：是你自己把耳朵弄破的吗？

大白：是的，我真的太难受了。疾病的折磨，加上精神上的痛苦，我只能抓自己发泄。我恨主人，真的好怨她。她为什么不照顾我？为什么我没有健康的身体？为什么我要受病痛的折磨？我真的好难过！

大白说这些的时候，就好像一个小孩在责怪自己的父母一样，带着一些埋怨，还有对正常生活的渴望。

我把大白说的话告诉了它的主人。

家长：那我现在还能做些什么？

能做什么呀？一切都已经来不及了！

大白曾经经历过很多事，它流浪过，被驱逐过，为了活着到处躲藏，经过很长一段时间的流浪后才遇到了现在的主人。可是主人并没有给它一个温暖的家。

后来它生病了，主人开始担心了，它才感受到什么是关心、什么是爱护。

我想大白的责怪应该理解为：主人为什么没早点把我带回家？

一个流浪在外的孩子对家的渴望、对安定的渴求，只有流浪过的人才能体会吧。

我问大白：你来这个世界是为了什么？

大白脱口而出：感受痛苦！

是啊，它确实不断地在感受各种痛苦和折磨。

我一直都相信，每个生命来到这个世上都有它需要完成的使命和意义。而大白的生命意义或许就是如此吧。

大白：让主人平复心情吧，不用太悲伤，也不用为我做什么。都快要结束了，没什么事需要去做的了。

它还是如此的平静，带着一丝期待，期待着离开。

这时，大白分享给我一个画面：主人把大白放在腿上，摸着它的头，摸着摸着……大白像是睡着了，很安详、很享受。

那是个很温暖的天气，像是个午后，有阳光洒下，洒在躺在主人腿上的大白的身上。主人当时穿着一件深色的衣服。

我问家长：你有什么话想对大白说吗？

家长：如果有来生，再来做我的毛孩子，我一定会好好照顾你。

大白听到这些的时候，只是淡淡地回了一句：谢谢你。

大白还是很勇敢的，至少它现在很平静，对于生死也看得开了。它已经完全放下了过去。

其实，我遇到一些特别的案子的时候都会思考，人能否也像动物一样，遇到一些难以接受的事时坦然地放下？面对离开，是否也能像大白一样勇敢，放得下过往？

这时，大白对我说：希望下辈子不要做猫了。

我打趣地问它：那你想做什么？

它说，它在思考……

确实是个需要思考的问题。我默默地想。

我告诉家长后，家长也默默地说：下辈子不做猫了。

家长请我转达给大白：我确实没有照顾好你，请你原谅我好吗？

我转达家长的话的时候，大白很快地回答说：我知道自己快要离开的时候，就已经不怪她了。已经过去了。

大白再次说道：我快解脱了！

说完，长长地舒了口气。

它有些期待，期待离开。

这次，内心深处多了一丝伤感，是"不舍得"的伤感。

大白还是很安静地躺在那，在等待……

就在这时，我突然感受到它希望被抚摸的心情。

我便和家长说：你要不就摸摸它吧。让它去了吧。

家长在交流中话语非常少，我也便知趣地说：你想跟它说什么，就心里默默地和它说吧。

一般我们在做临终沟通的时候，都希望能尽力多去为毛孩子和主人传递他们想说的话，让他们彼此都不留遗憾。

大白：我还是很爱主人的，希望她不要自责了，她也努力照顾过我了。

听到这句话时，我很欣慰，大白最终还是有爱的。我想它内心的一点点不舍应该就是爱吧。

家长：大白还有什么牵挂吗？

我：没有了，它心情很平静，平静得像一潭水，没有一丝波澜。

我问了家长一个比较敏锐的问题：你是打算让它安乐死还是自然死亡？

家长：不安乐死！要自然死亡。

那就好，我也放心了，大白也希望是如此。

家长接着说：我要陪它度过最后的时光。

我：好，那我就不打扰你们了。

大家都重复着每天的工作和生活，而一个小白猫，它走了，去了喵星球。

家长对我说：它解脱了。

并且给我留了两段话，我才知道这是大白的过往经历：

> 你好，大白昨天中午走了，它解脱了。

谢谢你在最后时刻为我们沟通。

大白是我参加截猫车活动时解救的一只大白猫，当时带回小区散养。它曾经巨大无比，一看就是一只家猫，遭到可恶的猫贩子的毒手。可我家里已经有若干只猫咪了，没法安顿它。所以它就在小区里讨生活，肚子饿了来我家吃饭。

它经常为了争地盘和另一只公猫黄大头在车库里大打出手。黄大头后来生病死了，大白就自己把家安顿在车库里。

有一次我让它晒太阳，不要整天睡在阴湿的车库里，结果它发脾气把我头皮都抓破了。于是我就随它去了。

后来它病了，送去医院，医生说它病得很重。在医院里住了一个半月，回家后我就把它安顿在家里，和其他猫咪隔离起来。大多数时间都是它自己在房间里。

我知道它有怨，我没有照顾好它。

我希望它原谅我，理解我的难处，希望它一路走好，来生不再为猫。

再见,小公主

这是我成为动物沟通师后,第一次在整个沟通中泪流不止。我感受到了动物的无助,却又不带恨意的悲伤。

我的一位好友Sissi,也是一个救助人,有一天突然传信息告诉我,说她救的猫得猫瘟了,住院后医生说状况不太好。

她想让我传达她的心思给这只猫咪,给它一些力量。我当然马上就答应了,并且在办公室就做起了动物沟通。

19个动物沟通案例

花花　田园猫

性别：女生
年龄：去了喵星球
沟通师：贝丽

　　那是一个灰灰的房间，一切都是灰蒙蒙的，没有阳光，只有灰尘在空气中飘。

　　我看到一只很小的猫咪睡在白色的软软的布上。

　　它背对着我，完全没了力气，瘫软地躺着，呼吸也很微弱。

　　它努力地将眼睛睁开一条缝，想看我却又抬不起头，又继续合上了。

　　它叫花花，才3个月大，刚被Sissi救助没多久，因为感冒一直没好，转成了猫瘟。

　　Sissi让我转告花花，说她爱它，希望它能坚持下去。

　　花花只是轻轻地应了一声：嗯。

花花内心传达给我：想晒太阳，想看到阳光。

可是 Sissi 告诉我医院的病房里没有阳光，也照不进阳光。

花花继续传达给我：医生对它好像很无奈，觉得好像没什么办法。

我一直在一边静静地看着它的背影，告诉它，希望它加油，希望它能熬过去。

我把我感受到的一切和 Sissi 说了。Sissi 突然让我转达说：如果能坚持 7 天，就带它回家，它就有家了。

我立即和花花传达了这句话，然后我看到，灰白色的画面发出了金黄色的亮光，有一道阳光照了进来，一切都变得温暖了起来。瞬间我感觉到自己的眼泪掉了下来。

花花竟然也抬起头，睁开了眼睛，眼角有一点点的泪花。我清楚地看到它在笑。

它逗趣地说：7 天啊，太长了，3 天好不好。我觉得 7 天坚持不到呢。

Sissi 答应了，说就 3 天，过了 3 天就是有家的孩子了。

这个对话的画面，我每次想到依旧会鼻酸、眼眶红。

真的不知道怎么用文字去形容：冰冷灰暗的房间，突然变得温暖，好像充满了力量。没有力气的花花，因为一句话，充满了期待和力量。

只是一句"你有家了"，比"我爱你"还能给它力量。或许它是从出生就在流浪的小动物，对它来说，家的温暖一直是一种奢望。

即使在如此虚弱的时候，有了梦寐以求的家，内心还是燃起了希望，充满了对家的憧憬。

我觉得花花可能撑不过 3 天，但我并没有告诉 Sissi 我的真实感受。

或许，我也希望会有奇迹发生……
爱是伟大的，有着可以消退黑暗的强大力量。
家是温暖的，像冬天里的阳光那么温暖舒服。

最终，当晚 11 点多，Sissi 去医院探望过花花后不久，它就去了喵星球。

事情过了很久，刚好因为要写这个故事，我问 Sissi 要花花的照片时，Sissi 还是充满着爱意说：瞧，我们家花花是不是一只漂亮的小公主……

沟通师如是说

沟通师如是说

动物沟通治愈心灵

劳拉 动物沟通师

开始我以为是它们需要我,后来我才发现,是我更需要它们……

大家好,我叫劳拉,是上海瑞派果果宠物医院的一名动物护士,很高兴能和大家一起分享我和毛孩子之间的故事。

我是一名专职的动物医护工作者,生活中还是一名救助人,参加过多次民间组织的流浪动物救助活动,对动物有一定的了解和认知。

我现在的工作就是照顾护理小动物,一天24小时以它们为首。刚开始入行的日子里,我和每一位护士都一样,每天根据它们的病情进行照顾,看主治医生开具的处方给它们输液、打针、吃药、清创等。

慢慢地，我发现有部分小动物在治疗或康复期间还是会出现一些令人不解的行为，它们可能会出现闷闷不乐、性情狂躁、呕吐、拉稀等症状。从各方面的生化指标看，又都是正常的，这让我百思不得其解。

换一种角度去思考，如果我是它们，我最需要的是什么呢？

动物要想很好地生活，最起码要身心健康。身体健康了，那么在心理上又是否得到了健康呢？于是，我开始上网查各种资料，去了解动物心理健康的问题。

资料显示，人是可以和动物沟通的。太神奇了！

当我对动物沟通有一定认知后，2019年10月，我就正式参加了动物沟通师的课程，了解到"心灵的沟通才是真正的沟通"！

我可能是一位很"奇怪"的学员，在听老师讲课的时候我会哭，眼泪一直流。我感觉我是要被拯救的那个"动物"，直击心灵。当我第一次很系统地听老师讲述动物沟通师这一职业时，觉得很神圣，也很幸福，可以跟动物沟通是一件多么了不起的事啊！

通过这次课程，我了解了很多关于毛小孩的事情，它们跟人类一样有喜怒哀乐，它们所描绘的东西也许是你生活中最意想不到的，毕竟毛小孩眼中的世界与我们的不一样。

我尝试着和医院的动物进行沟通。动物医疗能减轻它们生理上的痛苦，而动物沟通可以治愈它们心理上的问题。

小吉祥是一只3个月大前肢被高位截肢的小橘猫。它遭遇了车祸，两条前肢被车碾碎后奄奄一息地躺在路边。救助人第一时间将它送到我们宠物医院检查，当时它的前肢已经开始腐烂发臭并长了蛆。小吉祥的主治医生立刻给出了有效的治疗方案，截肢两条前肢，最终保住了它的命。

术后需要住院治疗，我便成了它的责任护士，顺利地帮它度过了术后的三天危险期。本以为它的情绪波动会比较大，但是它却表现得异常淡定。

我们希望它可以平平安安，于是给它取名叫"吉祥"。医生每天给它输液打针，补充营养，保持卫生，吉祥在医院恢复得很快。恢复健康阶段，它每天过得都很艰难，什么都做不好，每次想要站起来，就立刻倒下了。试了几次没成功后它就放弃了，然后可怜地看着我，似乎在告诉我，"我是一只废猫！"这时候，它总会到我这里来寻求关爱，我便唱歌给它听。

我发现小吉祥对自己失去前肢是很在意的，它很不开心。我每天和它在一起，多希望它能和其他猫一样无忧无虑、自由自在地奔跑。

我很难过，想帮帮它，于是我便尝试着和它沟通。开始我感受到的都是一些很残忍的画面，我告诉它把那些都忘记吧，告诉它想要什么可以跟我说。

"小伙伴""支撑点""枕头",这些是我感受到的词语,不多,但是我如获至宝,全部安排起来。

我给小吉祥找来了两个陪伴它的小伙伴,做了可以依靠的高枕,似乎它很喜欢。我每天坚持跟它说话,告诉它微博上那些爱心人士给它的留言,并帮助它做肢体练习。

小吉祥开始不断地学习用后肢站立,虽然经历了无数次的跌倒,但是仍然坚持不懈地训练。先学会爬,然后学会站立,再学会走和跳跃。作为正常人,可能无法理解其中的辛酸。

小吉祥坚持下来了,它慢慢变得特别喜欢玩,一刻也消停不下来,无时无刻不跳来跳去。虽然看上去有点笨拙,但是猫咪拥有的能力还是能施展一二。

它积极面对生活的心态感染了我。

小吉祥是不幸的,但是又是幸运的,虽然失去了前肢,但是它拥有很多爱它的人!

毛小孩会带给我们不一样的惊喜、不一样的生活,有它们在身边,我们应该感到庆幸。

通过学习动物沟通课程,我打开了一扇门,这扇门通往那些毛孩子的内心,通往一个更美好的世界。

毛小孩
爱你的表达方式

动物沟通师 · 黑瑞盈

我是一名新手沟通师，正在动物沟通这条路上努力前行。还没有学习动物沟通之前，我就听到过小动物说话。

事情是这样的：

小肥

沟通师如是说

来我家寄养的一只小猫咪，它的主人告诉我，它有尿道发炎的情况，虽然现在已经有所好转，但是还是要注意。小猫咪在寄养的一个星期里都很好，转眼就要回家了。回家的前一小时，我进去它的房间看它，结果一打开门，传来一句很大声的话："我尿道发炎了！"

小猫一直看着我，我和它对视了两秒。我在想，它不是好起来了吗？我赶快去检查它的猫砂，没有血，也没有小尿块。我想了想，应该是我自己胡思乱想。

它的主人来了之后，我也没告诉她这个事情。回到家的当天晚上，猫咪的主人告诉我，猫咪尿尿一滴一滴的，尿道炎复发了，问我哪里有医院还在开门。

我当时脑袋轰的一声：原来我不是幻听！

后来我在猫友群里了解到，有动物沟通这个事情。我还没有疯掉，于是在网上搜索了一下动物沟通，便开始进入了动物沟通之旅。

这是我家小猫咪的故事，它叫小肥。

来寄养的猫咪会待在它们专属的房间。可是有一只猫咪比较特别，它在我家已经待了 5 个月，平常还会出来走动。这只猫咪叫团团，叫声很嗲很好听。

有一天，团团像往常一样出来活动，然后它对我"喵喵"地叫，我就把它抱起来了。这时小肥从楼上下来，看到这一幕后，直接破口大骂团团。我惊得目瞪口呆，怀疑自己听错了，可是眼看小肥已经冲过来，在我脚边"喵喵"叫。团团也不甘示弱地对着小肥叫。

我觉得很好笑,但是当务之急先安慰一下我的小肥比较好。后来我便和小肥做沟通,小肥告诉我它很不喜欢这种声音嗲嗲的"做作女生"。我安慰了小肥并对它进行了开导,那之后小肥再也没有骂过团团了。

原来不是每只猫咪都会用一样的方式去表达爱你,不是每一只狗狗对你的喜欢都刻在脸上。在我们看来,是人类在照顾动物,但是在有些年长动物的心里,是它们在照顾我们人类。

即将离世的毛孩子会因为看到我们哭泣而难过、担心,会自责因为自己的身体不好而让我们哭。走丢的毛孩子有的会很害怕,有的却是欢呼雀跃。每个毛孩子的内心想法和性格都不一样,但是却都一样地深爱着它们的主人。

我希望可以成为家长和毛孩子之间的沟通桥梁,帮助他们传达对彼此的爱意,让他们的关系更亲密。

成为动物沟通师后,我变得更加尊重毛孩子们的意愿,不会像以前那样一味地强制性地要求它们。我和毛孩子们相处得更和谐了!

感谢动物沟通给我带来的改变。

每天都很期待工作时光

动物沟通师·维尼

我从小就非常喜欢动物，特别是猫。从养猫开始，我的人生有了大不同，因为养猫踏上学习动物沟通之路，也因为照顾家中的老猫决定离开规律的上班生活而转为全职接案的动物沟通师。

我非常喜欢动物沟通这份工作，每当通过我的沟通而改善宠物与家长之间的关系或问题时，都让我感到满足与快乐。我也希望通过我的服务，继续帮助到更多的人与他们所爱的动物。

鲁咪是我养的第一只猫，一转眼它跟着我回家已经十年了。

十年前因为恋情失败，我离开了两人一猫的租住屋，可以用仓皇而逃来形容。由于当时自顾不暇，加上前任说会好好照顾鲁咪，于是就把鲁咪留给他照顾。因为太痛苦，怕家人担忧不敢回家，也不敢让家人知道，于是找了一间小套房把自己关在里面待了半年。直到前任写信来说无法跟鲁咪好好相处，希望我把它带走。

因为要开始照顾鲁咪，当时失业且积蓄已空，只好厚着脸皮搬回家住，还带了一个拖油瓶，简直就像韩剧或乡土剧会上演的戏码。

从没养过动物的父母当然是一口反对，反而是一向爱跟我唱反调的弟弟说他没意见，只要猫不要来找他就好。更绝的是，几十年老烟枪的爸爸竟然说他鼻子碰到猫毛会过敏，还说人可以回来但猫不行。经过我一哭二闹没有上吊后，得到的结论是鲁咪只能待在我房间，不能出来到客厅或其他地方。

能在房间已经很好了，我心里这么想着。一个离家出走结果被甩掉，爬回家找爸妈又带拖油瓶的女儿还能怎么样呢。

回家后的第二天，我整天在外面试，回家后，鲁咪已经在客厅四处乱晃了。真是急转直下的剧情。

"你爸说它关在里面一天挺可怜的,让它出来放放风。"妈妈面无表情地说。我心里想:不是说会过敏吗?

"它会握手吗?"貌似冷漠的弟弟问。

"只有有人在的时候它才可以出来喔!"爸爸说。

时光飞逝,岁月如梭,现在整个家都是鲁咪的游乐场。

因为某些缘故,从前我和家里的关系是疏离的,离家之后总觉得在外面的住处才是自己真正的归所,是一个属于我的家,而不是父母的家。曾经在这个空间里,我总觉得自己格格不入,然而再度回家之后,家人因为我的关系接纳了鲁咪,同时也因为鲁咪,重新接纳了我。

那是一种既熟悉又陌生的感觉,也许更小的时候,我们也这样亲近过。每当看见家人与鲁咪亲密的时候,我感觉心底坚硬的岩石出现了一道裂缝,穿透进来的也许不是光,也不是什么感人的泪水,只是一种再普通不过的日常琐事。这些琐事让我得以从异地返乡回家。

从前,我觉得有鲁咪在的地方才是我的家;后来才明白,原来鲁咪的出现是为了带我回家,而且还改变了我的人生之路。

因为鲁咪是我养的第一只猫,有时候我很想了解它在想什么。当知道有动物沟通师这个职业存在后,我抱着试试看的心理,预约了一次动物沟通。

在沟通的过程中，很多只有我和我的猫之间发生的事情，沟通师都能准确地说出来，让我觉得非常神奇。询问之下才知道，对方也在上课学习动物沟通。于是，我在网络上找到了我的老师，跟着他学习动物沟通，通过无数次练习，现在终于成为一个全职的动物沟通师。

成为动物沟通师后，常常会面对一些质疑的声音，或是被不相信这件事的人攻击，但是每当客人反馈我的服务使他们与动物之间的相处更美好时，我都会觉得很幸福！

在成为动物沟通师之前，我只觉得工作就是为了赚钱养活自己和猫咪们，每天上班下班，工作对我来说并没有太大的意义。当我成为动物沟通师后，我觉得我的工作能够帮助到我最爱的动物及爱它们的主人，每天都很期待工作的时光。

每每收到饲主的感谢讯息时，我都会觉得自己在做的事情是非常有意义的。期许自己能在这个领域更加发光发热，让所有的人都能够了解动物沟通的好处与对人类及动物的帮助。

一个救助义工的心路历程

动物沟通师 MAGGIE

我是一个异于常人且不务正业的广告人。何为异于常人？在大多数人的眼里，我们这种帮助流浪动物的义工是另类一样的存在，因为我们会把收入中的大部分用在这些无家可归的毛孩子身上。

艺术类专业出身的我，本来从很多视角和观点上都会带有自己的不同感观，所以，很多人都觉得学艺术的广告人比较随性，有点儿吊儿郎当，经常会说"没灵感""没感觉"，自然就被人误解为不务正业。

其实，学艺术的人都会有点儿不一样的性格和思维模式，比如我就是那种和人接触越多就越喜欢和动物接触的怪人。理由很简单，因为它们单纯，它们有灵性，它们懂感恩，最重要的是它们会把全部的爱和生命都给你而不求回报，而这些只有父母能给你！

> 我的救助之路始于我的其中一只爱犬卢卡，它是一条纯种寻血猎犬。

2004年，一个朋友送给我一条棕色小猎犬，那是我第一次接触到这个品种。我给它取名卢卡，它聪明活泼又顽皮。

当时，我家里已经有好多狗了，导致我被投诉。在警察叔叔上门进行严厉的教育下，我不得不做出痛苦的抉择，把三只小贵宾送给了亲友，我只留下了养了五年的西施、串串、贝贝和新来的卢卡。因为卢卡幼年时身体不好，经常去医院看病，而且性格顽劣，所以没有人能受得了它，我自然要将它留在身边悉心照顾，希望能教会它乖巧懂事。

可是没多久,警察叔叔再次上门,告诉我只能留下一只狗。警察说卢卡体型太大不能办证,而且一个地址只能给一只狗上户口,这就导致了卢卡很难成为一个合法的家庭成员。

当时的我不舍得将它们分开,对于卢卡来说,贝贝爱护它,照顾它。可是无助的我只能暂时把卢卡送到一个朋友家先寄养一段时间,让我有足够的时间想办法解决卢卡的户口问题。

卢卡离开我四小时后,我朋友给我打电话说,给它准备了牛排和水,它不吃不喝,连看都不看,呆呆地望着门口,眼神里充满悲伤。朋友说怕这样下去它会抑郁绝食,随后便把卢卡送了回来。

朋友告诉我,在车子开进小区的那一刻,卢卡变得兴奋起来,不停地摇尾巴,舔着我朋友的手。她们说第一次看到一只狗狗竟然会用这样的方式来表达感谢,也是第一次看到一只狗狗对家的思念。

当晚,卢卡吃了一大盆普通的狗粮,然后我抱着卢卡一起睡到了天亮。这是我第一次意识到,一只狗狗并不会因为你给它吃得多好而对你恋恋不舍,它们更在乎的是陪伴在它们身边的那个人!

没过多久,警察叔叔和居委会再次找上门,希望我能配合他们的工作,只留下办理过狗证的狗,让我把无证的卢卡解决掉。我不得不再次给它找个安全屋,这次我为了避免卢卡绝食,把照顾它长大的贝贝一起送到了我妈妈朋友的养老院暂避风头。

没过两天，养老院的院长阿姨给我打来电话，讲述了卢卡咬断自己和贝贝的牵狗绳，上演了一场狗狗大逃亡的剧情。阿姨说那场面很感人，她们第一次见到狗狗是那么在乎自己的同伴。没办法，她们只能把狗送回来了。

每当卢卡回来，居委会就会带着警察上门来找我，我就不得不再次寻找能暂时收留它的地方。短短一周内，我送它离开了两次。

现在是第三次。我把卢卡送到妈妈上班的工厂，妈妈每天上下班都去陪伴它。有一天，妈妈下班时看到卢卡睡得很香，不忍叫醒它，就走了。待卢卡醒来后，找不到妈妈的身影，它着急地跑出了工厂，这一跑就再也没有回来。

第二天，我跑去工厂周边贴寻狗启事，找了两天都没有任何下落。我很后悔自己送它去工厂的决定。

在寻找它的日子里，我逐步接触到了一些宠物论坛，在里面可以发布寻宠信息，而且还能看到很多流浪猫狗待救助的信息。我突然有了一个想法，去看看这些救助的狗狗，说不定会找到我的卢卡。这一找就是一年，完全没有任何音讯。

在寻找卢卡的过程中，我遇到了很多可怜的猫和狗，有被遗弃的，有被伤害的，还有那些从没有体会过人类之爱的毛孩子。从那时起，便开始了我的救助之路。

我对自己说，救助它们就当是为自己当年的过错积德，我救了别人家的毛孩子，也许我的卢卡也会被和我一样的人救走。抱着这样的想法，我的救助之路至今已经坚持了十五年。

在这十五年里，认识了很多志同道合的义工小伙伴。我们一起见过人类对动物做出的种种伤害，见过人类面对动物时所表现出的凶残的一面。每当遇到被伤害的动物，我们都觉得有义务、有责任去救助它们，因为这是我们人类犯下的错误造成的。

生命是平等的，每一个救助回来的毛孩子都需要花时间重新与人类建立信任。它们的很多行为都是因为缺乏安全感，以及被伤害后对人类产生恐惧而表现出来的。每一次成功帮助一个毛孩子找到爱的家庭后，我都觉得它们懂感恩，也明白我们在帮助它们。因此，从凶咬攻击到不舍离开，无疑都是它们的心理变化，这也是我坚持为那些毛孩子去付出的原因。生命不息，救助不止！

有人说，狗懂事，亲近人，猫是高冷奸诈、不懂感情的动物。这个观点我不能苟同。

我救回来的第一只流浪猫叫徐小咪，它也是被一而再再而三地遗弃，我家已经是换的第三个地方了。但是这一次我给它的不是收留所，也不是寄养地，而是一个家。

徐小咪是我养的第一只猫，一只特别喜欢照镜子的猫，它漂亮的蓝色眼睛是那么的纯净，它让我感受到了什么是猫对人的依赖。

有一天，它突然开始大叫，不管怎么摸它都叫，那种叫声似乎是很疼，并且到处躲窜。我立刻抱起它送到医院进行检查。检查结果对我来说简直就是晴空霹雳一般，它胸腔积液，而那个液体不是别的，是血液！

我又带它去做了一个彩超，医生告诉我找不到它体内的出血点，发现它的心脏肥大，是正常猫咪的两倍还多，并且心脏已经出现了衰竭。

在接下来的四天 ICU 抢救中，小咪就像一具躯壳，躺在那里一动不动，连抬头看我的力气都没有。经过几天抢救后，医生告诉我小咪不吃不喝也无法排泄，现在完全靠氧气在呼吸，已经无法治愈了。医生劝我在小咪还不是最痛苦的时候放手。听完后，我脑中一片空白，除了哭什么都做不了。

医生告诉我应该去和它做最后的告别。我走进手术室面对 ICU 舱，哭着问小咪："小咪，你告诉我，我是不是该放手让你走？"它突然吃力地抬起头，看着我，很轻地喵了一声。这一声让我哭到心碎，因为这是它从进医院后四天中唯一一次对我说的话。

谁说猫听不懂人话，其实它们听得懂，只是我们听不懂它们的语言。

在我救助的毛孩子中，我不是第一次用安乐的方式来帮它解脱。事实上，我们这些动物保护义工并不是大家眼中的狂热分子，我们还是理性的。每当我们成功救下一个毛孩子，但在检查治疗的过程中遇到无法治愈且生活不能自理的情况，医生都会建议帮它们解脱，因为这也是一种帮助。只是我们内心那种刚救回来却要亲手送它们回到原来世界的悲伤和心痛，会让我们内心震荡，这些也只有经历过的人才能明白。

小吉离开的最后时刻

小咪用它的生命告诉我猫咪并不是不通人性，它们的感情表达是很细腻的。我还救过一只和小咪一样眼神清澈的小柯基，它叫小吉。小吉是被人遗弃在我们小区的，当时它才一个多月大，得了狗瘟。我把它送到医院进行治疗。

小吉很黏人，常常歪着脑袋听我说话，还会对我的话语做出反应，只是我始终不懂它的叫声想表达什么。每次我离开医院的时候，它都会有点小悲伤，养过狗的朋友应该都会有那种感受，狗狗的眼神和表情都会表达它们的内心。

经历了两周的治疗，测试结果显示没有病毒了，我以为它好了，其实那时候病毒已经扩散到脑部神经了。当小吉开始不受控制地撞笼子和抽搐流口水的时候，我明白它已经无法治愈了。看着它那样伤害自己，我真的很心痛，小吉最后也用安乐的方式回了汪星。

小吉用它的行动告诉我，狗不管是幼儿还是成年，都会毫无戒备地去相信人、依赖人，它们会真诚地表达自己的感情。那一刻，我好希望自己可以有一种特异功能，能和它们说话。如果它们生病的时候

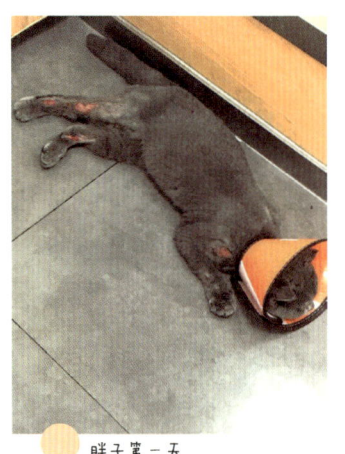

胖子第一天

能第一时间告诉我,徐小咪会不会就能活下去了?如果它们在离世之前能告诉我它们的心愿,我一定会努力去满足,让我们都不留有遗憾。我好想能有这样的本事,跨越物种进行心与心的沟通,那是多么美好。如果能让我感受到它们的内心,我就可以帮助更多的毛孩子,我默默地许下这样的愿望。

终于,我的愿望实现了!一次偶然的机会,通过同为救助者的闺蜜 Mia 的介绍,我认识了动物沟通师贝丽老师。我们第一次见面是在海星领养日,当时我带着我 2018 年救助的一只卷耳蓝猫在现场,我叫它蓝胖子,贝丽老师当时摸着蓝胖子,还给我一个很大的猫罐头。如果一个人对流浪动物很好,我都会想多接触一下,因为我希望更多的人和我们一样帮助毛孩子,多一个同伴就多一份力量。

贝丽老师问我为什么要给蓝胖子戴一个救生圈一样的头套,我说它会把自己舔破。其实这也是我想来现场的一个原因,我想问问医生为啥它要舔自己。当时贝丽老师和我说:"我回头帮你和胖子沟通一下,看看能不能知道原因。"这句话一下子勾起了我的好奇心,人真的能和动物沟通?

当晚,我半信半疑地在贝丽老师的要求下给她发了两张蓝胖子的照片。在正式沟通前,老师问我有没有什么想了解胖子的,可以先告诉她。我告诉她我想知道胖子这个抓破自己的行为是因为痒还是心理问题；我希望它能和我家黑猫好好相处，不要凶它，这样黑猫就不会打它了；我还希望胖子可以让我给它梳毛、剪指甲，不要抓狂，我不会伤害它的。

贝丽老师在了解完我想问的问题后，没多久就开始进行沟通了。

老师问我胖子是不是男生，我说是。我没有告诉过老师胖子的性别，但是很多人觉得这个名字一听就是男生，所以老师能猜到并不稀奇。

老师问我胖子最近是不是后腿有明显的疼痛。我说我不知道，但是它的后腿一直不让碰，可能是因为痛。从这一刻开始，我觉得这个老师有点儿厉害，因为胖子腿疼没人知道。

老师告诉我它两只后腿的疼痛是不一样的，其中一只脚比另一只更疼，这个疼痛影响到它走路了。我一一回答老师，她说得对，胖子左脚比右脚严重，而且胖子最近都不肯在家走路，基本就趴着不动。这些情况我都没有告诉过任何人，这让我开始对动物沟通越来越感兴趣了。

老师说它的骨头确实不太好，好像是先天的，因为痛，它才会抓咬自己。老师果然很厉害，胖子被救回来住了四个月院，从皮肤病药物用到神经抗氧化药物，到最后确诊它的关节并发症提前发病。

老师接下去说道，胖子的状态比同龄猫要糟，它自己也很无奈，但是胖子挺懂事，蛮乖的，有点傻傻的。老师还说黑猫有点贱贱的，想逗胖子玩，但是胖子的骨关节疼痛造成了它行动迟缓，胖子虽然想和它们一起玩，但是无奈身体状况不好，所以胖子选择像老年猫一样不动，它也因此心里有点不开心。这一点，老师说得很正确，胖子基本每天趴着不动，它连30厘米的高度都跳不上去，更不要说和其他猫咪一起奔跑玩耍了。

这一点让我很伤心，老师说胖子给她看了一个男人的画面，应该是之前的男主人。胖子好像很喜欢他，不过有一天胖子突然不能奔跑跳高了，然后它就被遗弃了。在我救助胖子的时候，我曾问过一些居民，他们说胖子之前有过两个家，一对夫妻抛弃了它，它被一对小情侣带回家了，没多久它就开始在小区流浪了，小情侣也不再找它回家。所以它的确有过一个不怎么负责的男主人，这一点我也没有告诉过其他人。从我带着满身伤痕又瘦弱的它去医院的那一刻，我就说，既然你的主人不珍惜你，那就让我来疼爱你吧，所以那些人根本不值得一提。

在这个沟通的过程中，我体验到了动物沟通的神奇之处，好想继续去学习。这里还有一个小插曲，当老师发现胖子的关节问题时，她给我介绍了一款保护关节的保健品，这个保健品还真的不错，胖子吃了两周以后，竟然可以开始追逐奔跑了，还能跳到沙发、椅子和我的床上。看着胖子上蹿下跳的那一刻我好开心，胖子也开心了很多，每天呼噜噜地对我撒娇，蹭我，让我觉得它的灵魂更像一只小狗，走哪跟哪。

在贝丽老师的帮助下，我第一次了解到胖子内心对我的喜欢。这

胖子见到贝丽老师的那天

一次不一样的跨物种交流让我对动物沟通师这个职业有了一种向往。

2019年10月,我参加了亚洲动物沟通师的课程学习,贝丽老师成了我动物沟通的启蒙老师。这个课程让我明白,其实与动物沟通的能力是与生俱来的,只是在我们慢慢成长学习其他本领的过程中,慢慢遗忘了自己最初的感观。

在学习动物沟通的时候,我心里有很多感慨,如果当年我能运用动物沟通与毛孩子做心理连接,也许我就能找回我的卢卡,或者也能在小咪生病的第一时间知道它疼痛的位置,应该也能在遇到小吉的时候在它短暂的生命里多满足它一点愿望。

动物沟通让我明白,其实我们可以在第一时间去解决毛孩子和主人之间的相处问题,也能帮助救助者更好地明白流浪动物们的经历和心理,从而直击问题原因。很多时候大家会寻求动物行为训练和行为纠正的帮助,但是如果我们能通过动物沟通了解毛孩子的内心想法,然后再根据原因用适当的行为学来让毛孩子和我们的相处更和睦融洽,岂不是更好!

单一的行为纠正可能会让毛孩子的心里不快乐，这也失去了宠物陪伴的乐趣，好的相处模式不是一味地去改变对方，而是双方可以为了对方共同寻找一个平衡的相处模式，或是去寻找一种彼此改善的生活方式，因为所有的行为都是心里的表象和体现。

毛孩子和小孩子一样，我们听不懂它们的语言表达，但是它们却能懂彼此，也能听懂我们的话，所以动物沟通就是以心理现象为出发点，没有语言和物种的限制，也不受环境和时间的局限，通过最纯粹的感觉去感受彼此。动物沟通师无疑就是最好的沟通桥梁，所以我很希望我能在有限的生命里把自己的价值发挥到无限大。

当初为了救助学了宠物美容和训练，这些能够帮助我更好更科学地去照顾毛孩子，而动物沟通则是帮助我从内心去了解它们的所想与所需，能更好地帮助流浪动物找到一个适合它们的爱心家庭。这是我今生最大的愿望。

六一儿童节的胖子

我的动物沟通之旅

动物沟通师 · 珊 Shan

我从小习琴,前一份工作是音乐家教老师。或许因为常需要看谱、听音,因此在进行沟通的时候,视觉跟听觉的感官也较为敏锐,能将毛孩子的话语完整地传达给家长,也擅长感知毛孩子们的各种情绪。

因为家里长辈爱狗,因此目前为止出现在生命中的毛孩子以狗狗居多。多年前搬离家中自住后,才开始有了第一只猫——雪希,从此当起了"猫奴"。

相信很多人在出门时都习惯要求家中的毛孩子"乖乖"在家待着吧?我也不例外。结果某天,雪希在我要出门前好奇地问我,到底什么是"乖乖"?我被它这么一问,还真是愣了一下。仔细想想,也真的没跟它解释过我所说的"乖乖"是什么意思。

我告诉它：就是不要乱跑乱抓，可以睡觉等我，不然就到跳台最高处看外面的鸟儿。

雪希：那我一直都是这样啊，你就不用叫我乖乖了。

我心想也对，它一直都如此，顿时觉得自己好像在说废话。结束话题后，准备出门，我跟它说：那我出门了，你"乖乖"在家……算了！没事，我晚点就回来。

差点又要叫它乖乖了，没办法，谁让每次都说呢，顺口了。

我的狗宝贝吉娃娃妮妮，在与它一同生活的十多年中，时常用它圆溜溜的大眼睛望着我，就像是想要跟我说什么一样。可惜当时动物沟通还未普及，也仅仅在电视节目上看过，我也跟大部分人一样，怀疑过动物沟通的"真实性"，所以一直没去尝试。直到5年前的某天，妮妮因急性心脏病入院，在氧气箱里待了一天一夜后，就永远地离开了我们。

在妮妮离开之后，我想起了动物沟通这件事。上网查了许多的资

妮妮

料，发现沟通其实可以自学。就把坊间的沟通书全部看了一遍，目的就是希望自己能够再次连接上妮妮，表达我的亏欠和思念。

看完书后也尝试过几次，但仍旧逃脱不了"自我怀疑"，担心只是自己的想象而非真的沟通到了它。在那之后，我才开始找正规的沟通课程去学习。过程中，通过学员们的交叉印证，我才渐渐开始相信自己真的沟通到了。

在学习完沟通之后，说真的，当时没想过要当沟通师，只是想着既然都学会了，那么就多多练习，让自己的连线更加稳定准确，于是开始跟身边的朋友说自己学了动物沟通，请大家把家里的毛孩子都带来给我练习吧。在那之后，我也得到了许多正面的反馈，让我更加有信心可以做到。

记得当时我给自己设立了一个"练习满

100只毛孩子"的目标，当然我也顺利地在几个月内达标，甚至还超额了。后来想想，接触动物沟通可能是妮妮送给我最后的礼物。

当了沟通师之后，我比从前更加重视陪伴身边的毛孩子们了。学习了动物沟通也让我知道，毛孩子多数时候在反映着我们人类的状态，因此，我们反倒更习惯去觉察与观察自己，状态不好的时候适时地去调整自己。因为要毛孩子过得健康开心，身为家人的我们扮演着重要的角色。我们身心健康，情绪良好稳定，才能给予毛孩子们平稳安心的生活环境。

沟通师这份工作也并非外界觉得那样，只是与毛孩子聊聊有趣的生活话题就好，更多时候，在面临急病重病甚至生命垂危的个案时，我们除了要准确地传递毛孩子与家长间的话语之外，还需要进行安慰并适度地提供建议，以便让家长在过程中寻找到方向，来面临接下来可能遇到的困难。

时常在沟通结束后，主人会对我说："这份工作好伟大啊！"我总会回应说："不！真正伟大的，是在你身边默默陪伴付出的毛孩子！"

对于未来，我希望有更多更多人可以认同并了解动物沟通的存在，而我也会继续带着妮妮给我的美好礼物，服务每个前来求助的朋友，以及想学习沟通的学员们。

在毛孩子身上学习爱

动物沟通师 Sora

阿毛

为什么接触动物沟通？

● ● ● ● ●

🐾 Hi，我是 Sora，2014 年我成为一名动物沟通师。

我养过一只猫咪，名字叫阿毛。它是我人生中第一只完全由自己负责的毛孩子。因为它，我开始想要更深入了解人与毛孩子的互动。

在了解的过程中发现，原来它们并不只是我们表面看到的那样，每天爽爽地过着日子，不是吃就是睡，可以耍点小脾气，乱尿尿在床上，乱大便在沙发上，三不五时吠叫几声抒发自己的不满，不用上班，不用上课，不需要为任何事情负责，好像是天底下最幸福的。

其实它们作为宠物，为了配合我们人类生活，牺牲了很多本该属于它们的天性：狗儿无法随时随地奔跑在草地上，滚不到泥巴，不能尽情吠叫；猫咪无法有打猎活物的成就感，不能跑到屋顶上享受日光浴；鸟儿无法在空中展翅飞翔；鼠兔无法尽情地生崽子……

它们失去了自由，失去了这些属于它们的动物本能。但人类好像已经忘了，忘了毛孩子的妥协。

在我成为动物沟通师后，每一次与家长、毛孩子谈话，都能让我觉得震撼、感动。

动物的爱是无私的，它们珍惜当下每一分每一秒与主人的相处。

它们不会用外表评论你，主人永远是毛孩子心中最美最帅的样子。

毛孩子不会用金钱衡量你，当然它们会对食物的好吃与否有所要求。但这不会影响它们爱你的程度，最多也就是稍微抱怨一下。

这些经验让我更坚定地想成为毛孩子和家长之间的桥梁，协助他们彼此更和谐地生活。

动物沟通怎么进行？
● ● ● ● ●

❀ "互相尊重""同理心"是动物沟通的基础。

动物沟通师不会在家长和毛孩子双方当事人不同意的情况下进行沟通。

动物沟通师比较容易快速与毛孩子产生"同理心"，借此方式让家长了解毛孩子的动机、喜好。

其实，每个家长对自己的毛孩子的想法都有一定的了解，例如：当狗儿站在门口，你就知道它想出门；猫咪坐在碗前就是要吃饭。毛孩子也会依照人类的生活方式让家长了解自己的想法。这种彼此的默契也是一种动物沟通，而且是独特地存在于你们之间。

作为动物沟通师的毛孩子，它们一定很幸福！因为沟通师家长很了解它们的需求。

分享一个我的猫咪的故事，它叫弟弟，是我的第二个毛孩子。它对我进行着爱与严厉的"教育"。

你没看错，不是家长对毛孩子教育，而是毛孩子对家长进行管教。

前些年，我在美企担任业务员时，工作时间特别长，即使工作到晚上11点，还是需要把电脑带回家继续加班。

就在那段时间，我发现弟弟有了自残的现象。只要我在家处理公事，弟弟就会在我面前抱着尾巴啃，好像尾巴没有神经，不会痛似的。一度弟弟把尾巴啃到见了骨头。

一开始我以为它只是身体不舒服，带它去医院检查，也没有查出任何原因。

从医院回来的几天后，弟弟实在受不了我这么差的悟性，终于用眼神传达信息给我：我不喜欢你回家加班！不喜欢你回家还在忙！不喜欢你该休息的时候不休息！

那时候我才觉悟，原来它想用它的方式来管教我，让我好好休息。

自从知道弟弟的意思后，我不再回家加班了，从此弟弟啃尾巴的情况也不治而愈了。

现在每天差不多午夜十二点的时候，弟弟就会出现在我眼前，再度用眼神告诉我：该睡觉了！为什么不遵守时间？我们可以一起睡觉！

它用无私的爱、身体自残来逼迫我认识到什么时间该做什么事，不要加班、不要熬夜，要好好照顾自己。
因为它的爱让我无法拒绝它对我的管教。

❈ 感谢动物沟通让我们相遇。
谢谢毛孩子让我接触到动物沟通，我在做动物沟通等咨询服务的过程中，体验到动物对家长各式各样的爱。

毛孩子对爱的付出，无非是希望能让家长或者彼此的生活变得更好。

毛孩子无法用人类的语言来表达自己的内心想法，但它们会用眼神、肢体动作、声音、表情来传达，虽然是不同的表达方式，但也无法阻止毛孩子与家长的交流。

作为人类，我们为什么不能从动物的角度通过动物沟通去感受它们呢？

不分人类、动物的种族，互相尊重，应把毛孩子当作独立个体，而不是家长的附属品。

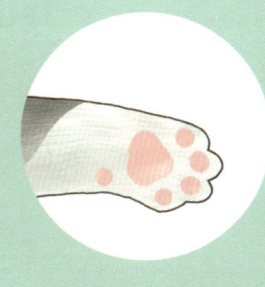

26个动物沟通常见问题

26个
动物沟通常见问题

动物沟通师篇

Q 动物沟通是什么？

A 一种天生就具备的能力，也就是"直觉感知"，这是世间万物共通的语言。人类随着成长而学习使用各种语言后，逐渐忘了这项最原始的语言。但动物并没有学习其他语言，因此始终使用着最原始的方式来交流。

人类通过学习动物沟通，是可以找回原始语言能力的，进而达到与动物交流，并协助人与动物更加了解彼此。

Q 动物沟通，任何人都可以学吗？

A 每个人都可以学，这是人类与生俱来就有的能力，通过学习便可以掌握。

Q 想学动物沟通或成为动物沟通师需要准备什么或具有什么特质吗？

A 只要你爱动物，有一颗同理心，不将动物视为比人类等级低的物种，且愿意发自内心地了解并尊重它们，倾听它们的心声与需求。最最重要的是要相信自己能与动物沟通。

26个动物沟通常见问题

Q：如何判别动物沟通师是在和自己的动物沟通呢？

A：沟通师在沟通时会和主人确认与动物有关的细节讯息，当讯息确认无误后，再继续沟通。一次比较顺利的沟通讯息准确率在 70% 以上。

Q：为什么动物沟通都是做远程的呢？

A：因为动物和主人都在现场做面对面交流，顾及的事情会比较多。主人需要照顾动物，沟通师没办法安静地听主人的提问，与动物做交流时也会无法集中注意力。相比较而言，远程沟通的效果比较好。

Q：和动物沟通的时候会传递怎样的讯息？它们听得懂各国语言吗？

A：因为沟通师的专长不同，动物可能会传递出画面、感觉、触觉、声音等讯息给沟通师。沟通是不受任何语言限制的，因此无论跟哪一国的动物做沟通，都是没有问题的。

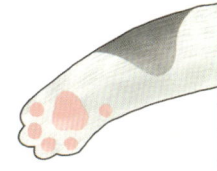

Q 会有动物不愿意和沟通师沟通的现象吗?

A 会这有个可能性,但是大部分是沟通师状态不佳导致的,可以选择改期再重新沟通。

Q 怎么做动物沟通练习呢?

A 可以先找朋友的动物进行练习,并请朋友来核对讯息。不建议刚开始练习时用自己家的动物,因为在还没有完全掌握技能的情况下,容易被主观意识混淆,分辨不清哪些是接收到的讯息,哪些是自己的主观意识。

Q 在练习时,我总是接收不到动物传递的讯息怎么办?

A 先别急着否定自己"没接收到",有时候我们过度地依赖看到或听到的事物来认定自己是否接收到讯息,其实,动物极可能正巧用其他方式传递给我们讯息,比如气味、触觉、情绪等。若我们只停留在看到什么或听到什么,而忽略了其他感官,就可能错失讯息,导致我们觉得"没接收到"。这时候建议将注意力转移到其他感官上,也许就能"接收到"了。

Q 练习动物沟通时，我的某些感官能力稍弱，日后有机会改善吗？

A 有的。每个人所具备的感官能力皆不同，但随着我们练习次数与强度的增加，各项感官的能力也会有所提升，达到一定的标准。

Q 练习动物沟通时，我如何知道已经在连线动物了呢？

A 观察自己的所有感官，你脑海中可能会突然闪过一些画面，可能听到一些声音，闻到一种气味或感觉自己触摸到了什么，甚至情绪上突然转变，这些都有可能是连上动物后，它们回应的方式。

Q 练习动物沟通时，全程都需要闭着双眼才能进行吗？

A 不一定。闭着双眼只是能有效避免一些干扰，但若是担心容易睡着等情况，也可以睁着眼进行。建议将注意力放在同一个地方即可，可以是一道白墙，或是一幅画等。

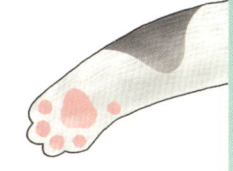

Q: 做动物沟通需要吃素吗？

A: 不需要。吃素的行为是值得鼓励的，可以培养人的慈悲观，对于地球环保减碳有正面的帮助。如果执着于吃素才能学动物沟通，那可能就失去了吃素的本意。所以吃荤吃素都没问题，重点在于心存感恩。

Q: 动物沟通师男生多还是女生多？

A: 女生会比男生多些，这也比较能理解，因为女生运用超感知觉相较于男生来说会多一些。当然，男生动物沟通师也是一样优秀的。

Q: 动物沟通师需要考核认证吗？

A: 为了保障民众的权益及沟通师的专业性，亚洲动物沟通联盟的动物沟通师都是通过亚洲动物沟通师考核并获得证书，持证上岗的。

Q: 亚洲动物沟通师的证书在国内认可吗？

A: 证书是由官方认证的亚洲动物沟通联盟颁发，即在线注册沟通师唯一身份认证执业证书。

家长篇

Q 动物沟通等同于医疗吗?

A 不等于。动物沟通可以辅助兽医及护士更顺利地对动物进行检查和治疗，舒缓动物紧张、恐慌的情绪。通过沟通，我们仅能初步了解动物的身体状况，但无法明确得知病因，而动物亦然，因此还是需要正当的医疗行为。

Q 动物沟通等同于行为纠正吗?

A 不等于。行为只是动物内心想法的表象及体现。我们可以辅助专业的宠物行为训练师在了解动物内心思想的基础上进行行为纠正。沟通仅能让我们了解行为问题背后的原因，能否纠正改善则需要通过动物与照护者相互配合。

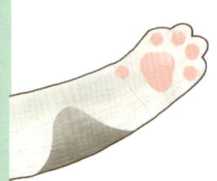

Q: 动物沟通有限制沟通的宠物种类吗?

A: 没有限制,只要是有生命的动物,都可以进行动物沟通,但更适用于主人熟悉且了解其性格、习性、生活环境、过往经历等的动物。

Q: 在进行动物沟通时,需要做些什么准备?

A: 只需提供动物的名字、动物近期的正面照片,也可以提前准备一些想要沟通的话题。

Q: 动物沟通对动物的年龄有限制吗?

A: 没有,但是年龄比较小的动物,它们的意识和经历比较少,所以沟通的时候可能传递的讯息相对也会少一些。建议对 6 个月以上的动物进行沟通会较为适宜。

> Q: 在沟通过程中，动物会传递它们的生活环境等讯息给沟通师吗？

A: 有可能，主要看动物是否想要传递相关讯息。作为动物沟通师，需要遵守沟通师职业守则，守住主人的私人讯息，如果需要分享，也需要得到主人的同意，且将个人隐私稍做修改后分享。

Q: 可以借由动物沟通命令动物，或者让它们做一些改变吗？

A: 只能借由动物沟通传达主人的想法给动物，让双方尽量通过理解后达成共识。

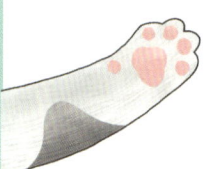

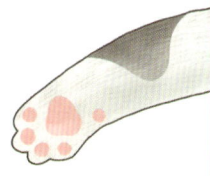

Q ✦ 可以和国外的动物进行沟通吗?它们能听懂其他国家的语言吗?

A ✦ 可以,动物沟通不受地域及语言限制。

Q ✦ 可以通过动物沟通的方式寻找走失的动物吗?

A ✦ 可以协助寻找,因为动物会有移动的可能,也会有信息接收的时差存在。另外,动物和迷路的幼儿一样,不认识字,只能描述所处环境,无法准确说出地理位置。

Q ✦ 如果发现动物可能快要离开人世了,还可以和动物沟通吗?

A ✦ 可以,动物沟通传达了动物的心愿、主人的祝福,更多的是希望通过沟通能给予动物最后的陪伴,传递主人想对动物说的话,彼此不留遗憾。

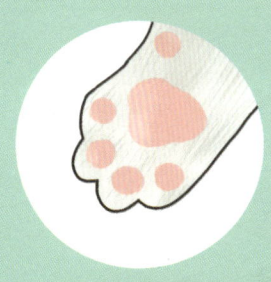

人类过于依赖语言,却忘记了最原始的心与心的感应